MAZDA MX-5

EIN ROADSTER SCHREIBT GESCHICHTE

Joachim Hack

Motor
buch
Verlag

Einbandgestaltung: Luis dos Santos

Bildnachweis:
Alle Bilder © Mazda Motors Deutschland GmbH, Mazda Motor Corporation, Mazda Motors UK Ltd., Mazda Motor of America, Inc., mit Ausnahme von:

BMW AG
Lotus Group International, Ltd.
Mercedes-Benz Group
MG Rover Group
MMD Automobile GmbH
Stellantis
Toyota Deutschland GmbH

The Car Spy, CC BY 2.0, via Wikimedia Commons
Charles01, CC BY-SA 3.0, via Wikimedia Commons
Elise240SX, CC BY-SA 4.0, via Wikimedia Commons
M 93, CC BY-SA 3.0 DE, via Wikimedia Commons
Mr.choppers, CC BY-SA 3.0, via Wikimedia Commons
Norbert Aepli, Switzerland, CC BY 3.0, via Wikimedia Commons
Rikita, CC BY-SA 3.0, via Wikimedia Commons
Vauxford, CC BY-SA 4.0, via Wikimedia Commons
Viggen, CC BY 3.0, via Wikimedia Commons
Zed68, CC0, via Wikimedia Commons

Literatur:

Kuch, Joachim: Mazda – seit 1920. Motorbuch Verlag, 2008
Long, Brian: The Book of the Mazda MX-5 Miata. The NA-series 1988 to 1997. Veloce Publishing Ltd., 2015
Long, Brian: The Book of the Mazda MX-5 Miata. The NB-series 1997 to 2004. Veloce Publishing Ltd., 2018
Long, Brian: The Book of the Mazda MX-5 Miata. The NC-series 2005 to 2015. Veloce Publishing Ltd., 2022
Mazda MX-5, auto, motor und sport EDITION. Motor Presse Stuttgart GmbH & Co. KG, 2015
Pressemitteilungen und Archivmaterial, Mazda Motors Deutschland GmbH

ISBN 978-3-613-04141-7

1. Auflage 2023

Sie finden uns im Internet unter www.motorbuch-verlag.de

Innengestaltung: Lukas Kretzschmar, tebitron gmbh, Gerlingen
Druck und Bindung: GPS, Bosnia-Herzegovina
Printed in Bosnia-Herzegovina

Vorwort

Dass der Mazda MX-5 auch in 4. und, wie es ausschaut, demnächst sogar in 5. Generation unter uns weilt, darf man angesichts der Zeitumstände durchaus als kleines Wunder betrachten. Mit Ausnahme von BMW, deren Z4 in technischer Hinsicht inzwischen weitgehend ein Toyota Supra ist (und umgekehrt), und Audi, wo der TT Roadster in bekannter Form noch bis Ende 2023 angeboten wird, haben sich inzwischen alle Großserienhersteller vom einigermaßen bezahlbaren zweisitzigen Sportwagen mit Faltverdeck verabschiedet – (von einem offenen Porsche 911, einem 718 Boxster, einem Audi R8 Spyder oder dem Mercedes-AMG SL kann in diesem Zusammenhang natürlich nicht die Rede sein …) wobei auch die beiden bürgerlicheren Modelle von BMW und Audi in nahezu keiner Hinsicht Wettbewerber des MX-5 sind.

Es ist also allein Mazda zu verdanken, dass Cabrio- bzw. Roadsterbegeisterte – eine, zumindest gefühlt, im Schwinden begriffene Spezies – auch nach fast 35 Jahren noch die Möglichkeit haben, ein so begeisterndes, auf puren Fahrspaß abgestimmtes Fahrzeug zu erwerben. Dazu noch eines, das mit seiner speziellen DNA heute, wie zum Zeitpunkt seiner Einführung 1989, eine Alleinstellung besitzt. Kein anderes in Großserie hergestelltes war und ist so leichtgewichtig, war und ist so passend motorisiert, war und ist so harmonisch konzipiert; vor allem aber: Keines vermittelte und vermittelt so viel Freude, wenn man mit ihm auf geeigneten Straßen unterwegs ist, völlig zweckfrei und mental losgelöst vom Zeitgeist – sofern man heutzutage zu dieser Art von entspanntem Enthusiasmus überhaupt noch fähig ist …

Manche kritischen Geister, wie sie vor allem in Europa seinerzeit noch verbreitet waren, sahen im MX-5 bei seiner Präsentation noch ein klassisches Produkt japanischer Imitationsstrategie, wie man sie in den 1960er-Jahren auch bei Motorrädern angeprangert hatte. Nach dem Motto: Da hat wieder mal ein gesichts- und geschichtsloser Fernost-Hersteller, der sich, oh Gott, noch mit dem Wankelmotor beschäftigte, Ikonen der geheiligten britischen Roadsterkultur mit der ganz dicken Lupe angeschaut und mehr schlecht als recht kopiert. Den Amis mag das ja schnuppe sein, aber aus europäischer Sicht: nein danke!

Kein anderes Stereotyp im Automobilbau erwies sich während der folgenden Jahre als so unzutreffend und fehlgeleitet wie dieses. Von Beginn an zeigte sich, dass die Japaner, in ihrer unnachahmlichen Art, mit dem MX-5 alles so viel besser gemacht hatten als alle denkbaren Vorbilder zuvor. Tatsächlich retteten sie mit diesem kompakten, mit so vielen Talenten gesegneten Roadster ein komplettes Fahrzeuggenre, das Ende der 1980er-Jahre definitiv todgeweiht war. Nein: Sie retteten es nicht nur, sie belebten es wieder – mit so großem Erfolg, dass sich der Rest der Branche verwundert die Augen rieb und im Lauf der Jahre versuchte, dieses offenbar doch nicht so unrentable Marktsegment auch mit eigenen Konstruktionen zu beschicken.

Es stellte sich jedoch heraus, dass keines dieser Fahrzeuge konzeptionell wie als Gesamtpaket mit dem MX-5 konkurrieren konnte. Allenfalls der MG F und der Toyota MR2 der Generation W3 hätten das Zeug gehabt, wurden aber von unterschiedlichen Problemen und Unzulänglichkeiten eingebremst.

So wurde der MX-5 mit vollem Recht über Jahre und Jahrzehnte zu seinem eigenen Denkmal, weil es den Mazda-Ingenieuren gelang, den Wesenskern des Roadsters über bis heute vier Generationen lebendig zu halten – wahrlich keine Kleinigkeit angesichts einer mittlerweile fast 35-jährigen Historie der Baureihe und radikal veränderten Rahmenbedingungen.

Zudem schafften es die Japaner, das mit dem MX-5 verbundene Geschäftsmodell so resistent zu machen, dass es bis jetzt allen, wodurch auch immer verursachten Marktschwankungen standgehalten hat. Zu keinem Zeitpunkt stand eine Einstellung der Baureihe aufgrund mangelnder Absatzzahlen zur Diskussion – zumindest drangen solche Überlegungen, falls es sie doch gegeben haben sollte, nicht nach außen. Auch das darf man als große Errungenschaft betrachten, die ins Bild von Mazda passt: Eines Unternehmens, das sich seit jeher nicht dem Mainstream unterworfen hat, sondern seinen eigenen Weg gegangen ist. Beispiele sind der Kreiskolbenmotor, der im neuen MX-30 e-Skyactiv R-EV als Range Extender Wiederauferstehung feiert oder die zur Serienreife gebrachte „Diesotto"-Motorentechnologie e-Skyactiv X, die in verschiedenen Pkw-Baureihen zum Einsatz kommt, oder eben der MX-5 mit seinem singulären Leichtbaukonzept.

Heute hat die Marke ein dezidiert individuelles Gesicht, und ihre Fahrzeuge besitzen ein klares Profil, das sie vom Wettbewerb unterscheidet. Die in nicht allzu ferner Zukunft anstehende nächste MX-5-Generation dürfte auch diesbezüglich wieder ein klares Signal setzen und mit ihren Qualitäten alle jene begeistern, die ein genussvolles, dazu noch leistbares Autofahr-Erlebnis auch in der heutigen Zeit noch als hohen Wert individueller Freiheit und Lebensqualität begreifen. Wem sonst, wenn nicht Mazda, ist eine solche Glanzleistung zuzutrauen?

KAPITEL 1

Ungewöhnliche Vorgeschichte: Gut Ding will Weile haben

Mazda, ursprünglich als Toyo Kogyo Co., Ltd. firmierend und seit 1984 in Mazda Motors Corporation umbenannt, ist zwar ein in Hiroshima ansässiges japanisches Traditionsunternehmen, dessen Wurzeln bis in die 1920er-Jahre zurückgehen, doch gehört es – ähnlich wie Honda – in Sachen Pkw-Bau zu den Spätberufenen. Man hatte sich schon in den 30er-Jahren zunächst mit der Herstellung von Motorrädern und wenig später der Fertigung von kleinen Nutzfahrzeugen beschäftigt, aber es dauerte bis 1960, dass man einen ersten Personenwagen anbot. Der war, wie üblich, in der typisch japanischen Kleinstwagenklasse, heute als »Kei-Car« bekannt, angesiedelt, wurde nach seiner Motorgröße als R360 bezeichnet und ähnelte optisch durchaus der ersten NSU-Prinz-Generation, die 1958 auf den Markt gekommen war. Orientierte sich dieses Premierenfahrzeug noch an klassenüblichen Technikkonzepten und stach durch nichts aus der Masse einheimischer Wettbewerber hervor, so wurde die Marke noch im selben Jahr und auch auf internationaler Ebene erstmals sichtbar und demonstrierte, dass es sich die Unternehmensleitung offensichtlich zum Ziel gesetzt hatte, sich auch jenseits des japanischen Pkw-Mainstreams zu profilieren – selbstverständlich ohne dessen Kernqualitäten in Frage zu stellen.

Hintergrund war die im Oktober 1960 erfolgende Unterzeichnung einen Lizenzabkommens mit NSU über die Nutzung und Weiterentwicklung des Wankelmotors. Damit schuf das Unternehmen im auf Expansionskurs befindlichen japanischen Konkurrenzumfeld ein Alleinstellungsmerkmal. Parallel dazu musste man den Blick auch auf eine erhebliche Steigerung der Produktionskapazitäten richten, wollte man auf dem Binnen- wie künftig auch auf Exportmärkten, vor allem den USA, nicht von Toyota und Datsun abgehängt werden. Mangelnde Ausbreitungsmöglichkeiten in der Fertigungsstätte in Hiroshima führten dazu, dass schon 1961 ein umfangreiches Landgewinnungsprojekt vor der Küste der Stadt

Mit dem 1972 eingeführten RX-3, der von einem 2-Scheiben-Kreiskolbenmotor angetrieben wurde, etablierte sich Mazda vor allem in den USA als Pkw-Hersteller mit hohem Innovationspotenzial.

initiiert wurde. Hier entstand in der Folge das neue Werk Ujina, mit dessen Produktionsbeginn im Sommer 1966 auf einen Schlag eine Vervierfachung der Kapazitäten, die bis dahin bei rund 30.000 Einheiten pro Monat gelegen hatten, möglich wurde. Nun konnte auch mit Mazda-Pkw und Pick-up eine Exportoffensive gestartet werden, die zuerst vor allem den asiatischen Raum ins Visier nahm und ab 1967 nach Europa sowie drei Jahre später auch auf den lukrativen nordamerikanischen Markt ausgeweitet wurde. Vor allem dort rückte der Wankelmotor, dem seinerzeit noch eine große Zukunft vorausgesagt wurde, ins Zentrum aller Marketing- und Werbemaßnahmen.

Tatsächlich hatten sich die Entwickler bei Toyo Kogyo mit ihrem ganzen Talent und ungeheurer Energie geradezu in die komplizierte Wankel-Thematik verbissen und konnten als weltweit einzige in diesem Bereich beachtliche Erfolge vermelden. Während die Entwicklung und Produktion von Kreiskolbenmotoren bei NSU bzw. Audi-NSU nach anfänglicher Euphorie eine Menge Negativschlagzeilen produzierte und bei Daimler-Benz erst gar nicht die geforderte Serienreife erreichte, konnten die Japaner in den USA stolze Verkaufszahlen ihrer Wankel-Pkw vorweisen: 1973 hatten nicht weniger als 92 % der fast 105.000 dort verkauften Mazda-Fahrzeuge einen Kreiskolbenmotor unter der Haube. Den Ingenieuren aus Hiroshima war

Bescheidene Anfänge: Der Kleinstwagen R 360 markierte Mazdas Premiere auf dem einheimischen Automobilmarkt.

Ungewöhnliche Vorgeschichte: Gut Ding will Weile haben

es weitestgehend gelungen, dem in puncto Zuverlässigkeit und Langlebigkeit ausgezeichneten Ruf japanischer Automobile auch mit der in mancher Hinsicht nur schwer beherrschbaren Wankeltechnik gerecht zu werden.

Unglücklicherweise erwies sich die starke Fokussierung auf den Kreiskolbenmotor für Toyo Kogyo als Bumerang. Mit der sich 1973 entfaltenden ersten sogenannten Ölkrise, die bestenfalls eine Ölpreiskrise war, geriet die globale Automobilindustrie unter starken Druck. Die Absatzzahlen fielen angesichts hoher Kraftstoffpreise überall in den Keller und führten bei der kompletten Branche zeitweise zu massiven wirtschaftlichen Problemen. Einige Hersteller waren davon weniger stark betroffen als andere. Toyo Kogyo gehörte mit seiner Marke Mazda allerdings zur letzteren Gruppe, da der konsumfreudigere Wankelmotor nun besonders unter der Kaufzurückhaltung zu leiden hatte. Der ursprünglich verfolgte Plan des Unternehmens, die komplette Pkw-Modellpalette künftig nur noch mit Kreiskolbentriebwerken auszurüsten, löste sich damit in Luft auf. Zudem erklomm das Thema grundsätzlich reduzierter Kraftstoffverbräuche auf der Agenda des Kaufpublikums einen vorderen Rang. Da Wankelmotoren prinzipbedingt hier schlechte Karten hatten, galt es, nun die konventionellen Hubkolbenaggregate wieder in den Mittelpunkt zu rücken. Schubladisieren wollte man sie in Hiroshima – anders als bei sämtlichen anderen weltweiten Lizenznehmern – allerdings nicht. Es war schlichtweg nicht japanische Art, an dieser Stelle aufzugeben und darüber hinaus auf das zentrale Identifikationsmerkmal der Marke Mazda zu verzichten.

Nach einer Reihe von mit herben Verlusten abgeschlossenen Geschäftsjahren zogen die Verantwortlichen trotz einer geschwächten Position des Unternehmens die nötigen Konsequenzen und beschlossen – sozusagen unter Aufbringung der letzten verfügbaren Ressourcen – eine umfassende Neuausrichtung des Pkw-Programms. Nun sollten gut gemachte, aber konventionell motorisierte Mainstream-Modelle den Schwerpunkt der Angebotspalette ausmachen und die Verkaufszahlen wieder nach oben katapultieren. Der nach wie vor in Ehren gehaltene Wankelmotor sollte dagegen nur noch als ebenso imagebildender wie prestigeträchtiger Antrieb für sportliche Zweitürer dienen, die in kleineren Auflagen vom Band rollten.

Ab 1977 waren die Resultate des beschlossenen Strategiewechsels in den Verkaufsräumen der Mazda-Händler zu besichtigen: Den Anfang machte die Kompaktbaureihe 323, gefolgt vom gehobenen Mittelklasse-Modell 929, bei von Hubkolbenmotoren angetrieben. Im Jahr darauf ergänzte die erste, sich optisch stark am europäischen Geschmack orientierende Genera-

Der Kompaktwagen 323 – hier ein Modell der 2. Generation – wurde für Mazda zum Weltbestseller.

Wie nahezu alle japanischen Pkw-Hersteller tat sich Mazda außerhalb Asiens mit klassischen Mittelklasse-Limousinen eher schwer. Das galt auch für den 929 der frühen 80er-Jahre.

Der RX-4, das Wankel-motorisierte Coupé der Baureihe 929, ist mit seiner wohldosierten »Japan-Barock«-Optik heute, wie viele andere RX-Modelle der 70er- und 80er-Jahre, in seinem Heimatland ein Kultobjekt erster Güte.

Kontrastprogramm: Das geradlinig-sachlich gezeichnete 626 Coupé wurde, zusammen mit der viertürigen Limousine, seit 1979 auch in Deutschland ein Verkaufserfolg.

tion der Baureihe 626, ebenfalls konventionell motorisiert, das Programm. Highlight des Jahres 1978 war aber die Präsentation eines neuen Wankel-motorisierten Sportwagens, der die traditionsreiche RX-Baureihe fortsetzen sollte. Der RX-7 mit seinem 105 PS/77 kW starken 2-Scheiben-Kreiskolbentriebwerk ähnelte zwar in seinem Erscheinungsbild – nur zufällig – dem bereits zwei Jahre zuvor auf den Markt gebrachten Porsche 924, konnte aber den ersten in bürgerlichen Preisregionen angesiedelten Zuffenhausener absatzmäßig auf dem US-Markt klar distanzieren. Offenbar hatte die ausgeprägte Wankelmotor-Historie von Mazda vor Ort durchaus positive Reminiszenzen hinterlassen.

Mit den beachtlichen globalen Erfolgen der neuen Fahrzeugbaureihen zeigten auch die betriebswirtschaftlichen Kenndaten von Toyo Kogyo wieder steil nach oben. Dennoch hatte die Krise der Mitt-70er-Jahre deutliche Spuren hinterlassen. Diese waren so tief, dass man nun, wo die Geschäfte wieder rundliefen, und verkaufsträchtige Modellreihen etabliert waren, den Avancen der Ford Motor Company nachgab und Ende 1979 zunächst eine 25-prozentige Beteiligung des US-Riesen am Unternehmen akzeptierte. Die neue Konstellation stärkte Mazda für die kommenden Jahre und schuf die Grundlage dafür, neben hochauflagigen Fahrzeugbaureihen für breite Kundenkreise, auch weiterhin extravagante Fahrzeuge, zum Beispiel Wankel-motorisierte Sportwagen, ins Portfolio integrieren und damit Nischenmärkte – sowie den guten Ruf hoher Technikkompetenz – pflegen zu können. Allerdings sollte das stabilere materielle Fundament des Unternehmens während der globalen politisch-wirtschaftlichen Krisen der beiden folgenden Dekaden, die wiederum erhebliche Auswirkungen auf die Automobilkonjunktur in den Industrieländern zeigten, noch aufs Äußerste strapaziert werden.

Mit dem ersten RX-7, 1978 präsentiert, brachte Mazda den Kreiskolbenmotor wieder auf die Tagesordnung. Die Verkaufszahlen, insbesondere in den USA, übertrafen die kühnsten Erwartungen.

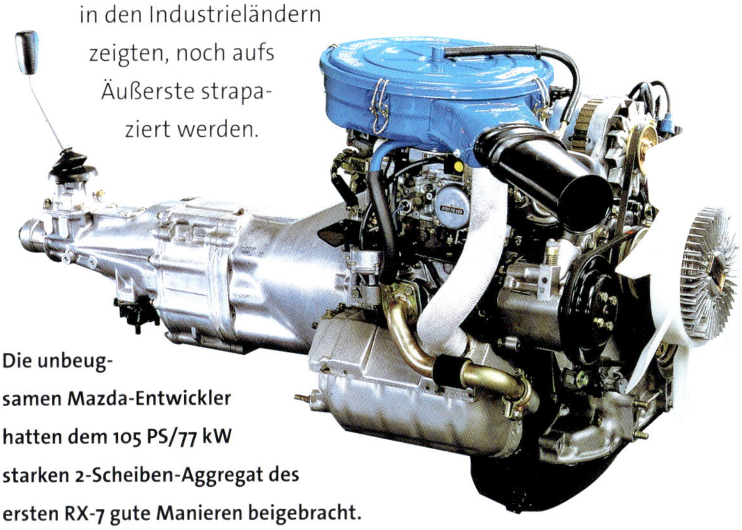

Die unbeugsamen Mazda-Entwickler hatten dem 105 PS/77 kW starken 2-Scheiben-Aggregat des ersten RX-7 gute Manieren beigebracht.

Ungewöhnliche Vorgeschichte: Gut Ding will Weile haben

Die zweite RX-7-Generation, ab 1985 auf dem Markt, war in ihrem Zuschnitt deutlich höher positioniert als ihre Vorgängerin – das forderte neue Überlegungen heraus.

Dabei hatte der eingeschlagene Weg auch jenseits der gängigen Fahrzeugpalette mit Erfolgen begonnen, deren Ausmaß selbst die Verantwortlichen in Hiroshima überraschten. Tatsächlich konnten von der ersten RX-7-Generation, die bis 1986 im Programm blieb, weltweit über 470.000 Exemplare an Kunden ausgeliefert werden. Eine Größenordnung, die den Wankel-Sportwagen schon aus der Gattung der Nischenfahrzeuge heraushob und eine Fortführung der Baureihe sicherstellte. Der Nachfolger präsentierte sich komplett neu konstruiert, in vollständig neuer Optik, mit vergrößertem, leistungsfähigerem 2-Scheiben-Wankeltriebwerk, das als Saug- oder Turbomotor erhältlich war, sowie mit einem hochspezifiziertem Doppelquerlenker-Fahrwerk, das bereits viele Leichtmetallbauteile aufwies. In Europa stellte das Antriebsaggregat 150 PS/110 kW oder aufgeladen 200 PS/147 kW bereit, was den neuen RX-7 zu einem technisch hochkarätigen Sportwagen avancieren ließ, der – auch was seinen Verkaufspreis anging – allerdings mindestens ein Stufe höher angesiedelt war als sein Vorgänger.

Diese neue Positionierung, von der man in Hiroshima mit Recht annahm, dass sie in der Konsequenz zu einer Reduzierung der Absatzzahlen führen würde, warf jedoch von Beginn an die Frage auf, ob die Sportwagen-Kompetenz von Mazda nicht auch unterhalb des Imageträgers RX-7 zur Geltung gebracht werden sollte. Tatsächlich geisterte die Idee eines kompakten Roadsters schon seit Ende der 1970er-Jahre vor allem im Kopf des damaligen Mazda Entwicklungschefs Kenichi Yamamoto herum – besonders

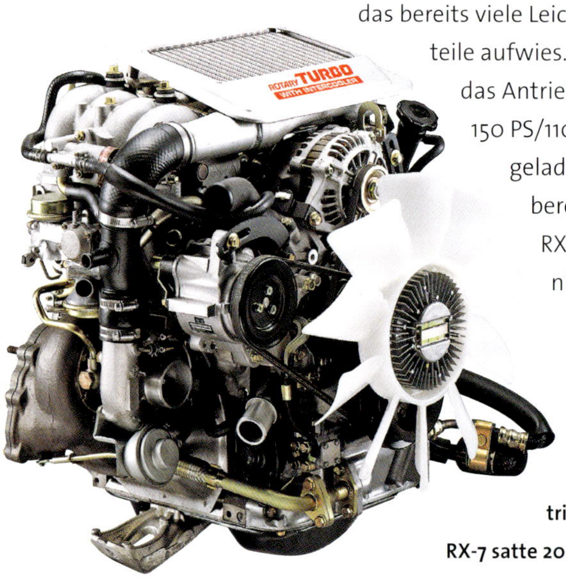

Mit Turboaufladung versehen, lieferte das Kreiskolbentriebwerk des neuen RX-7 satte 200 PS/147 kW.

Der visionäre Mastermind hinter dem MX-5: Mazdas damaliger Entwicklungschef Kenichi Yamamoto hat gut lächeln.

Der 1962 eingeführte Lotus Elan darf mit Blick auf seine Konzeptphilosophie getrost als umfassende Inspiration für den MX-5 gelten.

Der klassische Fiat 124 Spider dämmerte Mitte der 80er-Jahre als Pininfarina Spidereuropa dem endgültigen Bandablauf entgegen.

nach einem 1979 erfolgten Treffen mit dem US-Motorjournalisten Bob Hall, der es sich bei dieser Gelegenheit nicht hatte nehmen lassen, seine eigene Vision von einem kleinen Sportwagen mit ein paar Kreidestrichen auf einer Tafel zu skizzieren. Halls Vorstellungen kreisten um einen leichten offenen Zweisitzer, der den Geist vor allem britischer Vorbilder in sich tragen und in die Neuzeit mit ihren komplett anderen Rahmenbedingungen transponieren sollte. Dass ein solches Fahrzeugkonzept, in besonderer Weise verkörpert vom ikonischen, bis 1973 gebauten Lotus Elan, in puncto Qualität, Alltagstauglichkeit, Zuverlässigkeit und Langlebigkeit den hohen japanischen Standards der Gegenwart gerecht werden und darüber hinaus großserientauglich sein musste, stand dabei außer Frage.

Nun war die erste Hälfte der 1980er-Jahre alles andere als ein gutes Pflaster für kompakte Sportwagen und insbesondere für zweisitzige Cabrios bzw. Roadster, die sich möglicherweise auch Otto Normalverbraucher leisten konnte. Das Angebot war, jenseits britischer Bastelbuden à la TVR, mager und zumeist in Ehren ergraut: Da dümpelte der Fiat Spider in seiner letzten Evolutionsstufe langsam seinem Ende entgegen, und der gute alte Alfa Spider wurde als verspoilerter »Aerodinamica« noch einmal notdürftig einer Frischzellenkur unterzogen. Ansonsten

Britische Kleinserienhersteller wie TVR hielten unverdrossen die Fahne des Fahrspaß-orientierten offenen Zweisitzers hoch, spielten aber in puncto Produktqualität nicht mal in der zweiten Liga.

Ungewöhnliche Vorgeschichte: Gut Ding will Weile haben

Ein anderer Italo-Zombie auf vier Rädern war der Alfa Spider. Stilbewusste Traditionalisten konnten ihn bis 1993 als Neuwagen ordern.

war mehr oder weniger Ebbe in dieser Fahrzeugklasse, deren Exponenten schlichtweg niemand mehr für großserientauglich und damit für profitabel hielt. Sportliche Fahrzeuge, die auch für Durchschnittsbudgets erschwinglich waren, hatten inzwischen ein festes Dach, mindestens vier Sitze und eine praktische Heckklappe...

Schlechte Zeiten also für anscheinend blauäugige, von purem Enthusiasmus getriebene Ideen, wie sie John Hall vor sich hertrug – es sei denn, man hieß Kenichi Yamamoto und war bekennender Querkopf. Der hatte dank seiner Hartnäckigkeit schon den ewig kränkelnden Kreiskolbenmotor gegen alle Widerstände nachhaltig zum Leben erweckt. Der Mazda-Entwicklungschef fing zunehmend Feuer für die Vision eines kleinen, alle Sinne ansprechenden, dennoch leistbaren Roadsters und machte diese komplexe Herausforderung zu der seinen. Und Yamamoto wäre nicht Yamamoto gewesen, wenn er für sein Projekt nicht auch die Rückendeckung der Unternehmensleitung bekommen hätte – zumindest vorerst. Nun hatte er die Möglichkeit, Teams aus den

Die Mazda-Mannen gingen die Konzeptphase für einen kompakten Sportwagen ergebnisoffen an: Zur Diskussion gestellt wurde unter anderem dieses Frontantriebsmodell.

Auch die Verwirklichung eines Mittelmotor-Fahrzeugs wurde trotz der höheren Entwicklungs- und Fertigungskosten nicht von vorneherein ausgeschlossen.

Dieser aus dem Jahr 1985 stammende Prototyp zeigte schon manche Anklänge an den späteren Serien-MX-5 – im Detail blieb aber noch viel zu tun.

begabtesten und kreativsten Designern und Ingenieuren des Hauses zusammenzustellen, die ergebnisoffen in einen Wettbewerb um die besten Technik- und Gestaltungskonzepte für das ambitionierte Projekt treten sollten. Klar war, dass der neue Sportwagen leichtgewichtig und betont fahraktiv werden sollte, aber es war keineswegs beschlossene Sache, dass am Ende ein Roadster mit Heckantrieb das Rennen macht. Zwischenzeitlich waren durchaus auch Entwürfe mit Frontantrieb oder Mittelmotor und sogar Coupés im Gespräch. Letztlich war entscheidend, dass in der Folge zahlreiche Konzeptideen präsentiert wurden, die so viel Potenzial in sich bargen, dass das Projekt weiter am Leben erhalten werden konnte.

Als nach langwierigen Evaluierungsprozessen die Stunde der Entscheidung gekommen war, bestand unter den unmittelbar Beteiligten Einigkeit darüber, welche Art von Fahrzeug nun auf die Räder gestellt werden sollte. Angestrebt wurde ein kompromissloser zweisitziger Roadster mit Hardtop, der die klassische Konfiguration Motor vorn/Antrieb hinten aufweisen sollte. Das Kofferraumvolumen war zweitrangig und konnte durchaus gering ausfallen, aber die Karosserie sollte durch attraktiv fließende Linien gekennzeichnet sein. Alles in allem also ein Fahrspaß-orientiertes, wenig nutzwertiges, kurz: »unvernünftiges Auto«, das nicht zuletzt all jene Enthusiasten ansprechen sollte, die mit Wehmut an die Zeit der einfach gestrickten, sympathischen britischen Roadster zurückdachten. Damit war man erstaunlich nah dran an der Vision von Bob Hall. Voraussetzung für die Verwirklichung eines solchen »Traumwagens« war aber, dass die mit dem Rotstift fuchtelnden Kalkulatoren in Hiroshima zufriedengestellt waren und weitestgehend auf Technikkomponenten aus der Pkw-Großserie von Mazda zurückgegriffen wurde, um ein solches Fahrzeug auch wirtschaftlich darstellbar zu machen.

Interview mit Bob Hall

Der Amerikaner Bob Hall lieferte den entscheidenden Anstoß zum ersten MX-5 und war auch an dessen Entwicklung beteiligt. Wie ist das damals gelaufen, warum hat es so lange bis zur Serienreife gedauert, und was denkt er heute über sein Baby?

Wann und wie sind Sie mit Mazda in Kontakt gekommen?
Hall: In meinem früheren Beruf als Motorjournalist machte ich 1976 die Bekanntschaft mit Kenichi Yamamoto, damals Chef der Fahrzeugentwicklung und zuvor Leiter des Wankelmotor-Teams bei Mazda. Wir waren beide totale Autofans und auch sonst auf der gleichen Wellenlänge, sodass sich eine richtige Freundschaft entwickelte. Am 15. April 1979 trafen wir uns in Mazdas altem US-Hauptquartier, um über die Strategie zur Markteinführung des ersten RX-7 zu diskutieren. Plötzlich fragte er mich: »Bob, welche Art von neuem Auto sollten wir als nächstes machen?« Ich war kurz sprachlos, und dann brach es aus mir raus: »Ein kleiner, offener Sportwagen unterhalb des RX-7.« Er bat mich um eine genauere Erklärung, und so ging ich an die Tafel und zeichnete eine grässliche Skizze mit meiner Vorstellung. Mit seinem üblichen Pokerface murmelte Yamamoto etwas vor sich hin, was man sowohl als ja oder nein verstehen konnte. Gut zwei Jahre später, im Oktober 1981, wurde ich dann für das neue Mazda-Designstudio in Kalifornien angeheuert, wo ich zunächst an einem Nachfolger des Pick-ups der B-Serie arbeitete. Anfang 1982 ermunterte mich Yamamoto, meine Sportwagen-Idee weiter zu verfolgen, und besprach sich mit meinem damaligen Chef. Das Ergebnis war die zweifelhafte Erlaubnis, vor 8:30 Uhr am Morgen, zwischen 12 und 13 Uhr am Mittag und solange ich wolle ab 17:30 Uhr an dem Projekt arbeiten zu dürfen. Und so kam ich vom nächsten Tag an jeden Morgen um 6 Uhr oder früher ins Büro und ging erst gegen 19 Uhr, bis es offiziell grünes Licht für den Wagen gab.

Was hat Sie auf die Idee mit dem kleinen, leichten Sportwagen gebracht?
Hall: Schon vor meiner Geburt besaß mein Vater eine Reihe britischer Cabrios und Sportwagen, und ich wuchs mit einer bunten Mischung von MG, Triumph und Austin-Healey auf, die mich stark beeinflusst haben. Ich denke, die Idee zu einem solchen Auto geisterte schon lange durch meinen Kopf, und so kam die Antwort auf die Frage von 1979 wohl aus einem Reflex.

Es gehört zur Folklore der Automobilhistorie, dass manche späteren Welterfolge ihre Karriere als simple Kritzelei begannen. So verhielt es sich auch im Fall des MX-5.

Was macht den Erfolg des MX-5 aus?
Hall: Weniger ist mehr – das ist alles, was wirklich zählt. Die meisten Hersteller, die sich an einem Rivalen versucht haben, glaubten, er müsse mehr als der MX-5 haben: mehr Motor, mehr Leistung, mehr Platz, nur nicht mehr Leichtigkeit. Solche Leute sollten lieber Limousinen entwickeln.

Sind Frontmotor und Hinterradantrieb wirklich wichtig für ein Spaßauto?
Hall: Fahren Sie mal mit einem Honda CRX aus den frühen Neunzigern über eine nette kurvige Strecke, und Sie werden die Antwort kennen.

Haben Sie jemals an ein Coupé als Alternative zum Roadster gedacht?
Hall: Nicht wirklich, aber als das Auto zur Serienreife entwickelt wurde, bekamen die Vertriebsleute etwas kalte Füße und schlugen eine geschlossene Version vor. Noch bevor der erste Prototyp fertig war, erkannten sie aber, dass ein Coupé nicht nötig sei, und ließen die Idee fallen. Im Jahr 2004 wurde eine Kleinserie von 179 Coupés für Japan gebaut, die zwar heute sehr begehrt sind, damals jedoch nur schwer abzusetzen waren. Solche nachträglichen Ableitungen von offenen Autos sind übrigens meist schwerer als Coupés, die von vornherein als solche entwickelt wurden.

Welche Rolle spielten Sie bei der Entwicklung?
Hall: Ich habe nur meinen Job gemacht und war glücklich, Teil des großartigen Mazda-Teams zu sein. Es war eine Gemeinschaftsleistung, und die einzigen Superstars sind die Käufer. Sie sind der Grund, warum es den MX-5 gibt, und sie werden es noch für eine lange Zeit bleiben.

Warum hat es so lange gedauert, bis aus den Ideen und Skizzen das Serienauto wurde?
Hall: Anfang der 1980er-Jahre hatte Mazda weder eine Planung noch eine Organisationsstruktur, um neue Modelle außerhalb der bisherigen Produktlinie zu entwickeln und zu vermarkten. Deshalb mussten wir das System unterwandern und dazu bringen, den MX-5 überhaupt in den Produktionsvorbereitungsprozess zu nehmen. Das war ein schwieriger Lernprozess.

Was war Ihre Empfindung, als Sie erstmals das fertige Auto sahen?
Hall: Ich war verdammt glücklich! Bei der ersten Präsentation vor Händlern haben sie stehend applaudiert, und ich stand im Hintergrund und habe sogar ein bisschen geweint.

Wie war Ihre erste Probefahrt, und wo ging sie hin?
Hall: Meine ersten Runden drehte ich auf dem Mazda-Testgelände, und der Wagen gefiel mir mit jeder Runde besser. Auf öffentlichen Straßen fuhr ich erstmals in Südkalifornien über die Laguna Canyon Road und den Pacific Coast Highway zum Ortega Highway und wieder zurück. Normalerweise brauche ich abends nur 20 bis 30 Minuten von der Arbeit zu meinem Haus, aber an diesem Abend brauchte ich 120 Minuten. Statt der üblichen Schnellstraßen nahm ich nur kleine, kurvige Routen, und meine Frau wunderte sich, warum ich bei der Heimkehr so grinste.

Wieviel Komfort gehört zum ursprünglichen Konzept, und wann werden wir den ersten MX-5 mit elektrischem Stoffverdeck sehen?
Hall: Für manche Käufer ist der Wagen ja ihr einziger, und deshalb muss er auch bestimmte Grundbedürfnisse des Alltags erfüllen. Eine Klimaanlage steht für Amerikaner und Japaner – mit Ausnahme ganz weniger Enthusiasten – ohnehin nicht zur Disposition. Auch die Servolenkung war lange als Standard gesetzt, doch als einige Importeure zusätzlich eine Variante ohne Unterstützung forderten, wurde diese ebenfalls entwickelt, allerdings in letzter Minute. Sie war nie wirklich überzeugend und verschwand bald wieder. Nach einem elektrischen Softtop sollten Sie lieber Mazda fragen, meine Wahl wäre es jedenfalls nicht.

Bei manchen Fahrern kommt bisweilen das Bedürfnis nach mehr Leistung auf. Können Sie das verstehen, und würden sie es unterstützen?
Hall: Ja, bis zu einem bestimmten Grad kann ich das verstehen. Aber wenn Sie mit 90 PS nicht schnell fahren können, werden Ihnen auch 900 PS nicht helfen. Beim MX-5 ging es niemals darum, der Schnellste und Stärkste zu sein. Es geht nicht um »miles per hour«, sondern um »smiles per hour«. Und das ist viel schwerer hinzukriegen als ein paar mehr PS, die dem Charakter des MX-5 eher gefährlich werden können. Wer wirklich mehr Leistung braucht und meine Abneigung gegen feste Dächer teilt, wird vielleicht mit einem Porsche Boxster glücklich.

Nach zwei kleineren Evolutionsstufen markiert die vierte Generation einen größeren Designschritt. Entfernt sie sich damit von der ursprünglichen Einfachheit?
Hall: Im Gegenteil, es ist ein Schritt zu der ursprünglichen Philosophie und »Miataness«. Das Design lockt Käufer an, und das Fahrgefühl hält sie bei der Stange. Man kann nicht das eine ohne das andere haben. Meiner Meinung nach ist der Neue ein besseres Auto für heute, als es der erste MX-5 bei seiner Premiere war. Und er ist viel besser und kein bisschen weniger MX-5 als der Urtyp.

Was denken Sie heute – nach drei weiteren Generationen – über den ersten MX-5?
Hall: Ich liebe ihn. Ich bin stolz, ein Teil des Teams gewesen zu sein, das ihn auf den Markt brachte, und glücklich, dass der Erfolg so lange anhält und der Wagen so vielen Menschen Freude bereitet. Nachdem wir das Management von unserer Idee überzeugt hatten, war alles Weitere ziemlich einfach, und wir konnten die Parameter selbst festlegen. Die Nachfolger im gleichen Geist und zu echten MX-5 zu machen, war dagegen viel schwerer. Aber wenn das Konzept sauber bleibt und das Team auf das Ziel fokussiert, kann der Erfolg nicht ausbleiben. Und ich bin mir ziemlich sicher, dass der 50. Geburtstag 2039 mit einer weiteren Fortsetzung des Themas gefeiert wird. Ich hoffe, sie wird auch in Marineblau angeboten.

Ungewöhnliche Vorgeschichte: Gut Ding will Weile haben

Am Ende war der entscheidende Parameter für die Rentabilität eines solchen Nischenfahrzeugs die erzielbare Produktionsstückzahl: Gab es wirklich genug kaufwillige Fans für einen zweisitzigen offenen Sportwagen, der zu einem vergleichsweise günstigen Einstandspreis angeboten wurde? Die Strategen in Hiroshima blickten dabei natürlich zuerst auf den US-Markt, der für Mazda, wie für viele andere Pkw-Hersteller, von überragender Bedeutung war. Hier gab es zwar eine Tradition in Sachen kleine Roadster, vor allem geprägt durch zigtausende MG- und Triumph-Modelle, die ab den frühen 1950ern auf den nordamerikanischen Markt gelangt waren. Doch diese war durch die fast schon hysterische Sicherheitsdiskussion der frühen 1970er-Jahre, als vor Ort vermeintlich ein Verbot echter Roadster im Raum stand, inzwischen leicht verschüttet. Seit die britische Roadster-Kultur Anfang der 80er-Jahre endgültig Schnee von gestern war, hatten Sportwagenliebhaber in den USA fast nur noch die Wahl zwischen Coupés oder allenfalls Modellen mit Targa- oder herausnehmbarem Dach. Beispiele waren hier der einheimische, aber eher fußlahme Pontiac Fiero mit Mittelmotor, der ebenso kompakte wie lebhafte Honda CRX, der 1983 debütierte, oder der betont sportlich ausgelegte, 1984 präsentierte Toyota MR2 mit alles andere als fußlahmem 1,6-Liter-Mittelmotor. Erfreulicherweise gehörten die Fahrzeuge der ersten RX-7-Generation in diesem Segment zu den absoluten Bestsellern, sodass hier die Türen

Der 1983 vorgestellte Pontiac Fiero mit Mittelmotor war optisch nicht unattraktiv, aber mit trägen Antriebsaggregaten geschlagen.

Leichtgewichtig und lebhaft motorisiert präsentierte sich die ebenfalls 1983 eingeführte erste CRX-Generation von Honda. Manche Interessenten empfanden den Frontantrieb jedoch als Spaßbremse.

Der erste Toyota MR2 hatte alles, was die Fans liebten, war wegen des Mittelmotors im Alltag aber ziemlich unpraktisch. Das T-Roof kam erst 1984.

Der Triumph Spitfire war eines der Vorbilder, das die Entwickler in Hiroshima vor Augen hatten. Trotz Low-tech boten die klassischen britischen Roadster eine Menge Fahrspaß fürs Geld.

für Mazda, als Marke mit gutem Ruf und sportlichem Image, weit offenstanden.

Um auch mit dem neuen kleinen Roadster auf Anhieb den Ton optimal zu treffen, entschieden sich die Verantwortlichen in Hiroshima für eine bei japanischen Herstellern eher unübliche Maßnahme: Im September 1984 kontaktierten sie die in Großbritannien ansässige Firma IAD (International Automotive Design), die sich in der Automobilbranche mit ihren Dienstleistungen in Sachen Styling und Konstruktion einen exzellenten Namen gemacht hatte und bereits für zahlreiche Hersteller – zumeist unter umfassender Geheimhaltung – tätig geworden war. Eine besondere Spezialität von IAD war die Fertigung von Prototypen, und genau das war auch das Ziel der Zusammenarbeit mit Mazda. Natürlich hätte das auch mit den verfügbaren Ressourcen in Japan geschehen können, aber die Verantwortlichen in Hiroshima verfolgten beim MX-5 eine ganz bestimmte Absicht: Sie instruierten IAD, eine Auswahl britischer Sportwagenklassiker ganz genau unter die Lupe zu nehmen, deren DNA zu identifizieren und bestimmende Teile davon in den geplanten Kompaktsportler zu übertragen – schließlich sollte der Neue ein ganz spezielles Fahrgefühl vermitteln, das an die große Zeit britischer Roadster und Coupés erinnern sollte. Unverfälschtes Sportwagen-Feeling sollte sich ja, wie bereits erwähnt, weniger durch pure Motorleistung einstellen, sondern vor allem durch hohe Fahragilität. Diese wiederum erforderte ein niedriges Fahrzeuggewicht, tiefe Schwerpunktlage, schlanke Außenmaße und ein intelligentes Fahrwerkskonzept.

Obwohl die MG und Triumph vergangener Tage fraglos Sportwagengene in sich trugen und auf ihre Art ein Menge Fahrspaß zu vergleichsweise günstigen Konditionen geboten hatten – was insbesondere in den USA einen wesentlichen Teil ihres Erfolges ausmachte –, waren sie doch durchweg müde motorisiert und mit Fahrwerken ausgestattet gewesen, die mit ihren blattgefederten Starrachsen und Hebelstoßdämpfern definitiv vorgestrig waren und kein im modernen Sinne agiles Fahrverhalten zeigten. Dies gelang nur – abgesehen vom einen oder anderen Erzeugnis der britischen Kleinsthersteller-szene – einem einzigen Modell: dem legendären, in fast 10.000 Exemplaren gebauten Lotus Elan. Mit seinem im jedem Detail überzeugenden Gesamtkonzept war dieser in Roadster- und Coupéform erhältliche und einigermaßen professionell gefertigte Sportwagen seiner Zeit um eine ganze Generation voraus. Es konnte kein besseres Vorbild für den neuen Mazda geben, und so sollten sich die Projektverantwortlichen bei IAD besonders intensiv mit diesem Fahrzeugmodell befassen, um für den beauftragten Prototypen die richtigen Schlüsse zu ziehen.

1985 IAD V705

In the early 1980s, Mazda's chairman Kenichi Yamamoto indulged the desire of his new American product planner, Rob Hall, to build a British-style roadster. Hall wanted something rear-wheel drive along the lines of the Lotus Elan or the Triumph Spitfire, then went to International Automotive Design (IAD) in Worthing, Sussex and asked it to build something deliberately old-fashioned. Hungry for new work, John and Yvonne Shute's team embraced the design brief and came up with V705. A few details would change, but the car would become the Mazda MX-5.

IAD's work went further than mere styling. The British team tapped into their intrinsic knowledge of classic home-grown sports cars and engineered other emotionally important aspects of the MX-5 too, including a gearchange action and cam cover copied from the Lotus Elan, along with an exhaust system that produced a note like an MGB's.

What IAD had accomplished was to create retro design. Without it, we would never have had a new Mini or Beetle – and would the British car industry be as strong as it is today?

Der von IAD 1985 aufgebaute Prototyp war optisch zwar noch weit vom späteren MX-5 entfernt, begeisterte aber mit seinem Fahrverhalten.

Ziemlich genau ein Jahr später war es so weit: IAD präsentierte im August 1985 das erste fahrfertige Exemplar, bei dem es sich aber noch längst nicht um einen MX-5 in auch nur seriennaher Form handelte. Eine dem aktuellen Diskussionsstand entsprechende, nicht finale Fiberglas-Karosserie umhüllte einen Gemischtwarenladen an technischen Komponenten aus dem Mazda-Teilefundus. Als Antrieb fungierte ein 1,4-Liter-Vierzylinder aus dem Typ 323, die Vorderradaufhängung hatte der RX-7 gespendet, die Hinterachse stammte vom Mittelklassemodell 929. Interessantestes Konstruktionselement war der von IAD in Eigenregie entwickelte Rückgratprofilrahmen – eine kaum verschleierte Reminiszenz an den Lotus Elan. Der Prototyp stand in Großbritannien für erste, immer noch höchst geheime Fahrerprobungen zur Verfügung und begeisterte mit seiner Charakteristik die aus Japan angereisten Mazda-Manager. Dabei hatte man zum Vergleich auch einige Fahrzeuge des – vorerst noch potenziellen – Wettbewerbs am Ort des Geschehens bereitgestellt, unter anderem einen Fiat X1/9 und einen Toyota MR2. Schließlich war noch immer nicht klar, ob das Projekt eines »ziemlich unvernünftigen«, kompakten Mazda-Sportwagens letztlich auch realisiert werden würde. Im weiteren Verlauf wurde das Fahrzeug in die USA transportiert, wo es zu weiteren Vergleichsfahrten unter der Ägide von Mazda North America kam, den Vertretern des wichtigsten Zielmarkts. Auch diese endeten zur vollsten Zufriedenheit aller Beteiligten. Trotz aller Beteuerungen in Richtung Serienperspektive rieselte in der Folge dennoch der sprichwörtliche Sand ins Getriebe der Weiterentwicklung. Die Geschäftsleitung in Hiroshima priorisierte aus naheliegenden Gründen zunächst die Einführung der wesentlich umsatzträchtigeren dritten Generation des 323 sowie der zweiten, komplett überarbeiteten RX-7-Generation. Beide sollten den Erfolgen ihrer Vorgänger nacheifern und erst einmal die stets etwas angestrengten Mazda-Kassen bestmöglich füllen. Darüber hinaus war bereits die Produktionsentscheidung für den ersten Mazda-Minivan gefallen. Das später als MPV bezeichnete Modell befand sich in der Schlussphase der Entwicklung und wurde intern als

Der Lotus Elan, hier ein spätes Sprint Coupé, bildete auch in den 80er-Jahren noch die Messlatte für agile Kompaktsportwagen.

Natürlich waren Vans, etwa der 1988 vorgestellte Mazda MPV, vor allem in den USA wesentlich umsatzträchtiger als ein Spaßfahrzeug wie der MX-5.

Meilenstein für das weitere Vorankommen auf den bestimmenden nordamerikanischen Märkten betrachtet. Für Japan hatte man zudem ein neues Kei-Car in Planung, eines der landestypischen Kleinstautomobile, die vor allem in den Großstädten mit ihren extrem beengten Wohnvierteln äußerst nachgefragt waren. Alles das waren Umsatzbringer ersten Ranges, überstiegen in ihrer Gesamtheit aber die verfügbaren, nicht allzu üppigen Entwicklungsbudgets von Mazda. Wie sollte sich da ein – offensichtliches – Nischenmodell, ein offener, dazu noch vergleichsweise preisgünstiger Zweisitzer im Kompaktformat, einsortieren und behaupten?

Neben den firmeninternen Problemstellungen ergaben sich auch makroökonomische, die vom Unternehmen nicht zu beeinflussen waren. So war der Kurs des japanischen Yen seit Ende der 1970er-Jahre gegenüber einem schwächelnden US-Dollar stark gestiegen. Das machte in der US-Währung berechnete Importe nach Japan billiger, aber im Gegenzug Ausfuhren des hochrangigen Exportlandes Japan in die USA deutlich teurer. Da Mazda, im Unterschied zu manchem einheimischen Konkurrenten, keine Produktionsstätte in Nordamerika besaß, mit deren Hilfe sich dieses Problem hätte umgehen lassen, schlugen die ungünstigen Wechselkurse voll durch, einerseits auf die Verkaufspreise der Fahrzeuge in den USA, die ständig stiegen und die Wettbewerbssituation nicht einfacher machten, und andererseits auf die Gewinnmargen von Mazda, die tendenziell schmaler wurden. Beides übte gehörigen Druck auf das Sportwagenprojekt aus; zumal auch erste Verkaufsprognosen, die im Hintergrund angestellt wurden und einen zentralen Kalkulationsfaktor darstellten, nicht allzu optimistisch waren. Mehr als 30.000 Einheiten pro Jahr für Nordamerika, um die 3500 für Gesamt-Europa und gerade mal 1800 für den Heimmarkt machten die Finanzmanager mehr als skeptisch, ob sich Mazda mit einem solchen Fahrzeug einen Gefallen tue. Unter diesen Umständen mussten die Projektverantwortlichen schon froh sein, dass nicht überhaupt die Reißleine gezogen wurde und die Entwicklung eingestellt werden musste.

In der Folge arbeitete man sowohl in Japan wie bei der US-Tochtergesellschaft Mazda North America an der weiteren Finalisierung des Karosseriedesigns. In gemäßigten Tempo näherte man sich über mehrere Stadien und interne Begutachtungsschleifen hinweg der endgültigen Formgebung des zukünftigen Roadsters. Unter dem neuen General Manager der Designabteilung, Shigenori Fukuda, der seit Beginn an diesem Projekt mitgearbeitet hatte und ein bekennender Verfechter war, wurde dann bis zum Frühjahr 1987 eine Art endgültiges Tonmodell der Karosserie erarbeitet, das unter den Kollegen großen Beifall fand, aber, wie es in der Automobilindustrie üblich war, noch einer sogenannten Produktklinik unterzogen werden musste. Dabei wurde eine Gruppe nach bestimmten Kriterien ausgewählter Betrachter – alles Privatpersonen aus der anvisierten Käuferzielgruppe, die aber weder mit der Firma noch mit dem Produkt in irgendeiner Beziehung standen – mit dem betreffenden Designmodell konfrontiert und um ihre Meinung dazu gebeten. Das Ergebnis dieser noch im selben Jahr erfolgten Publikumsbefragung, die im kalifornischen Pasadena veranstaltet wurde, war absolut eindeutig. Die überwältigende Mehrheit der zur Produktklinik Eingeladenen war begeistert von dem, was sie, unter nach wie vor größter Verschwiegenheit, vor Ort zu sehen bekommen hatte. Damit war ein ganz entscheidender Schritt auf dem Weg zum späteren MX-5 getan. Alle Zweifler und Bedenkenträger im Unternehmen waren zunächst einmal besänftigt, zumal es auch in den anderen Entwicklungsbereichen, die, neben der Optik, die Qualität eines erfolgversprechenden Sportwagens definierten, eine Fülle von Fortschritten gegeben hatte. Nun sprach tatsächlich einiges dafür, dass der neue Roadster ein in jeder Hinsicht überzeugendes Auto sein würde und sich die überaus vorsichtigen Absatzprognosen am Ende als Makulatur erwiesen.

Motor und Kraftübertragung

Es ist eine Binsenweisheit, dass insbesondere das Antriebsaggregat eines der entscheidenden Elemente für das Wohl und Wehe eines Sportwagens ist. Für die Mazda-Entwickler stellte sich im Fall des neuen Roadster-Projekts die Frage nach dem am besten geeigneten Motor sehr komplex dar. Das auszuwählende Triebwerk sollte kompakt, leicht und für seine Hubraumklasse überdurchschnittlich leistungsfähig sein; dazu war es bei einem emotional so aufgeladenen Fahrzeug wünschenswert, dass der (potenzielle) Käufer beim Blick unter die Motorhaube schon optisch an Vorbilder wie den besagten Lotus Elan erinnert wurde. Im umfangreichen Mazda-Teileregal wurde man jedoch schnell fündig, allerdings konnte das ausgewählte Baumuster mit der Bezeichnung B6, ein leicht langhubiger 1,6-Liter-Vierzylinder mit zwei obenliegenden Nockenwellen, Vierventil-Zylinderkopf und Benzineinspritzung wegen seiner auf hohe Durchzugskraft

Mithilfe zahlreicher Begutachtungsschleifen durch interne wie externe Betrachter kristallisierte sich schließlich die endgültige Formgebung des neuen Roadsters heraus.

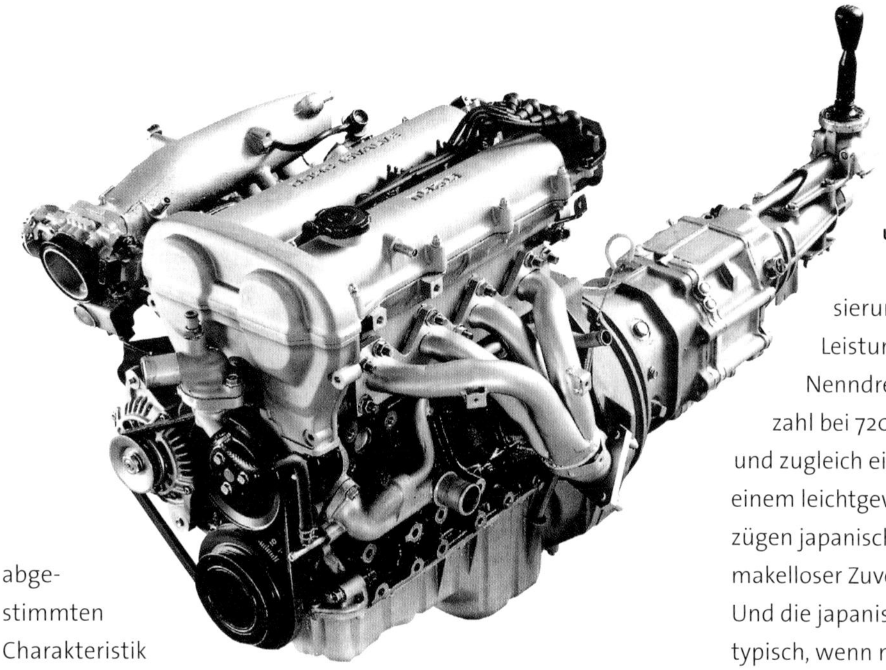

Der 1,6-Liter-DOHC-Motor aus dem Mazda-Fundus war ein ideales Antriebsaggregat für den neuen Roadster und sah dazu noch unverschämt gut aus.

abgestimmten Charakteristik nicht so ohne Weiteres für einen Sportwagen übernommen werden. Zudem kam es in der 323-Baureihe zum Einsatz und war deshalb auf Quereinbau ausgelegt. Da aber die konstruktiven Eckdaten des Motors an sich optimal geeignet waren, beschloss man, dieses Triebwerk umfassend zu überarbeiten, um es für den Einsatz im neuen Roadster zu ertüchtigen.

Unter Beibehaltung der grundsätzlichen Motorarchitektur machte man das Aggregat zunächst einmal drehfreudiger, indem man Kurbeltrieb samt Schwungrad erleichterte. Dann veränderte man die Steuerzeiten und damit die Drehmomentcharakteristik in Richtung sportlich und erhöhte das Verdichtungsverhältnis auf 9,4:1. Um das Gewicht des mit Graugussblock und Leichtmetallzylinderkopf versehenen Triebwerks möglichst noch zu reduzieren, wurden eine verrippte Aluminium-Ölwanne und ein Auspuffkrümmer aus Edelstahlrohr verwendet. An der Motorperipherie sorgten eine elektronische Zündanlage sowie ein ausschließlich aus Aluminium und Kunststoff bestehender Kühler für weitere Gewichtseinsparungen. Diese Maßnahmen resultierten in kerngesunden 120 PS/88 kW, von denen für die Exportmärkte in den USA und Europa noch 115 PS/85 kW übrigblieben. Absolut gesehen kein Leistungsfeuerwerk, vor allem nicht im Vergleich zum rund fünfzehn Jahre zuvor mit 126 PS/93 kW aus 1,6 Litern Hubraum angetretenen Lotus Elan Sprint, aber eine rundum harmonische Motorisierung mit ausgeprägter Drehfreude und sportlicher Leistungsentfaltung im oberen Drehzahlspektrum: Die Nenndrehzahl lag bei 6500/min und die Maximaldrehzahl bei 7200/min – ganz beachtlich für einen Langhuber, und zugleich eine Garantie für lebhafte Fahrleistungen in einem leichtgewichtigen Roadster. Noch dazu mit allen Vorzügen japanischer Großserientechnik, wie hohem Reifegrad, makelloser Zuverlässigkeit und vorbildlicher Langlebigkeit. Und die japanische Art, die Dinge anzugehen, wäre nicht so typisch, wenn man nicht aus Gründen technischer Notwendigkeit, sondern der Perfektion halber auch das äußere Erscheinungsbild des Vierzylinders gegenüber seinem Einsatz im Kompaktwagen Mazda 323 modifiziert hätte. So erfreuten das Auge des Sportwagenliebhabers die beiden ästhetisch ansprechend gestalteten Ventildeckel des DOHC-Motors ebenso wie die attraktiv geschwungenen Ansaugrohre der L-Jetronic-Einspritzung und der Fächerkrümmer der Abgasanlage – allesamt Details fürs Herz, aber auch fürs Fensterbrett …

Den Mazda-Entwicklern war klar, dass die angestrebte Fahrzeugcharakteristik nicht allein vom Motor bestimmt wurde.

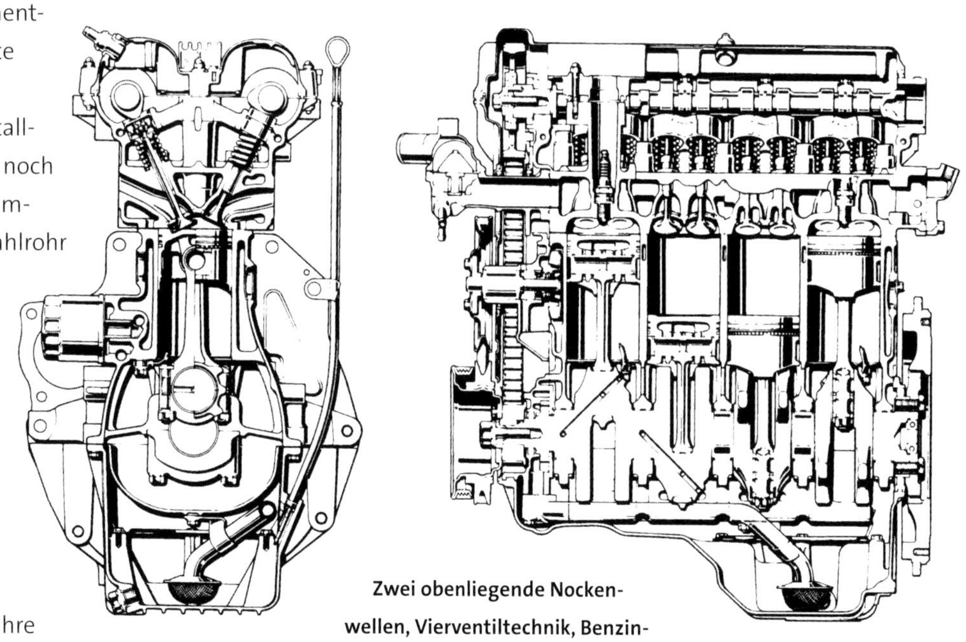

Zwei obenliegende Nockenwellen, Vierventiltechnik, Benzineinspritzung: Der drehfreudige Vierzylinder der B-Serie zeigte alles, was das Sportwagenfahrerherz seinerzeit begehrte.

Ungewöhnliche Vorgeschichte: Gut Ding will Weile haben

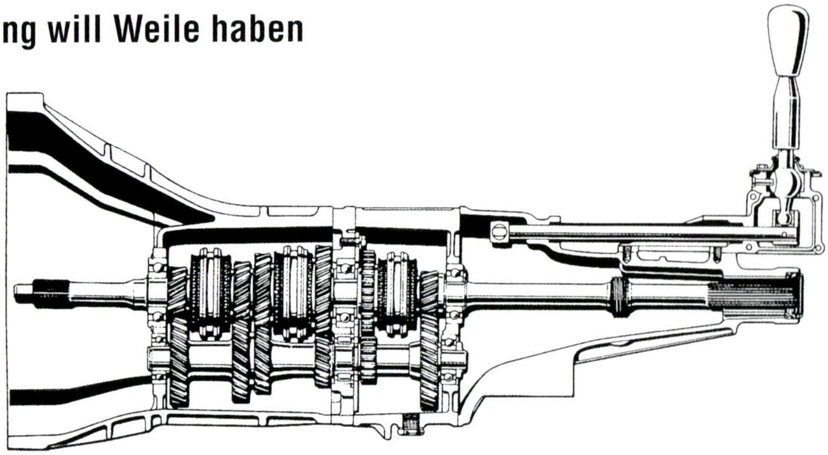

Die Mazda Ingenieure überarbeiteten das bewährte 5-Gang-Getriebe der M-Serie punktgenau und erreichten damit ein branchenweit unerreichtes Schaltgefühl.

Mit einem Getriebe, das schlecht abgestimmt und unpräzise zu schalten war, konnte man das Gesamtpaket des Roadsters im Handumdrehen ruinieren. Man schenkte dieser Baugruppe also mit Recht höchste Aufmerksamkeit. Als technische Basis entschied man sich für die bewährte 5-Gang-Schaltbox der M-Serie, die bereits im Mittelklasse-Modell 929 sowie zum Teil im neuen RX-7 verwendet wurde. Nun konnte man den japanischen Ingenieuren markenübergreifend ohnehin nicht gerade vorwerfen, mechanische Kraftübertragungen zu konstruieren, die irgendwelche Schwächen hatten, aber beim MX-5 galt der Anspruch, sich selbst noch einmal zu übertreffen. Ziel war, ein maximal präzise, leicht, schnell und auf kürzesten Wegen schaltbares Getriebe zu realisieren. Dazu verstärkte man erst einmal die Synchronisation, um möglichst geschmeidige Gangwechsel zu erreichen, und nahm sich dann das Schaltgestänge vor. Dieses modifizierte man so weit, bis die Schaltgassen sämtlicher fünf Vorwärtsgänge einen Weg von maximal 5 Zentimetern von der Neutralstellung aufwiesen. In Kombination mit dem verwendeten, extrem kurzen und zierlichen Schalthebel ergab sich damit ein Schaltgefühl, das eher an Rennfahrzeuge vergangener Tage erinnerte als an profane Alltags-Pkw. Selbst die kostspieligsten italienischen Supersportwagen – die allerdings zumeist auch mit Mittelmotor ausgestattet waren und deswegen mit komplizierterer Umlenkungskinematik des Schaltgestänges zu kämpfen hatten – kamen hier nicht mit. Zu allem Überfluss konstruierten die Japaner, wie immer sie das auch bewerkstelligten, auch noch ein typisches mechanisches »Klick« in die Getriebebedienung, wenn der Schalthebel beim Einlegen eines Gangs das Ende der Schaltgasse erreicht hatte. So etwas kannte man nur von den besagten Supersportwagen, wenn, wie seinerzeit in dieser Klasse noch verbreitet, der Schalthebel in einer chrom-

Wie der ganze Wagen, so sollte auch der winzige Schalthebel mit seinen extrem kurzen Wegen für alle, die ihn bewegten, zu einem Spaßgaranten werden.

Wie ernst die MX-5-Entwickler ihre Aufgabe nahmen, bewies das als »Power Plant Frame« bezeichnete Aussteifungsprofil, das dem Triebstrang höhere Stabilität verlieh.

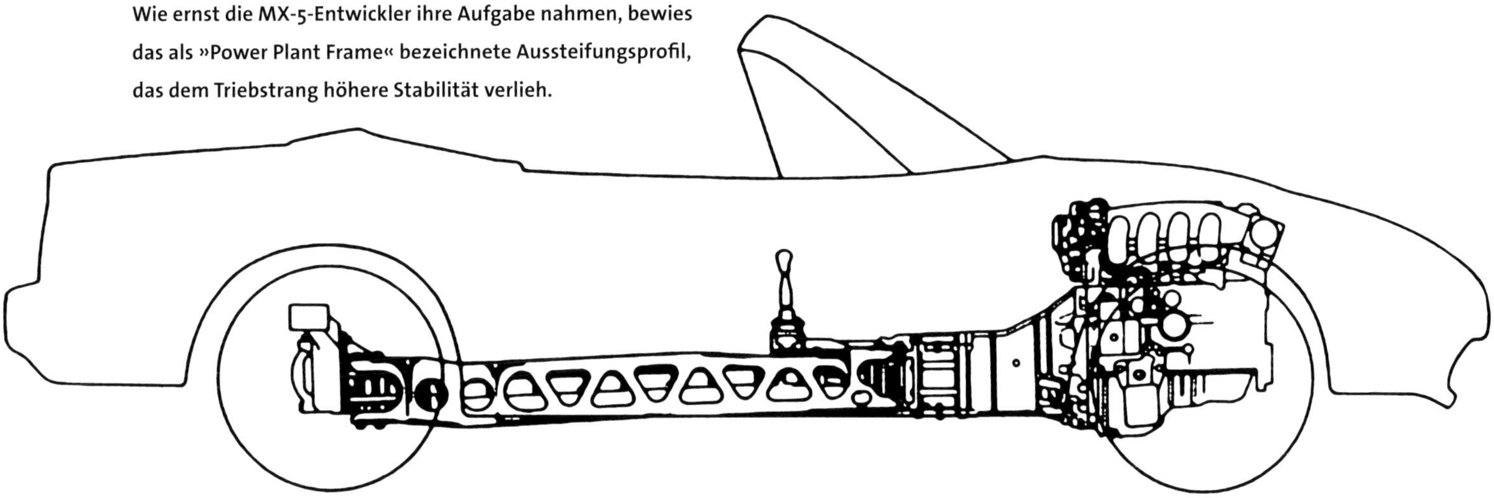

glänzenden Kulisse geführt wurde. Auch das wieder ein Detail fürs Herz, aber in gewisser Weise nichts Authentisches …

Sehr authentisch, zumindest für Mazda, war dagegen das werkseitig als »Power Plant Frame« bezeichnete, aus Aluminium hergestellte Aussteifungsprofil am MX-5, das die Motor-/Getriebeeinheit mit dem Differenzial verband. Zweck dieser nur 5 kg schweren konstruktiven Feinheit war die Verhinderung von Torsionsbewegungen, die das Achsgetriebe in seinen Befestigungspunkten bei harten Lastwechseln vollführte. Die größere Steifigkeit resultierte im Allgemeinen in einem präziseren Fahrverhalten und im Besonderen einer direkteren Reaktion auf Gaspedalbefehle sowie einer Verringerung von Schüttelbewegungen im Antriebsstrang. Ein ähnliches Konstruktionselement hatte Mazda bereits im RX-7 der neuen Generation FC3S eingeführt, der im Herbst 1985 in Japan präsentiert worden war. Auch andere Pkw-Hersteller hatten schon vergleichbare Gedanken verfolgt – hier aber stets bei einer sogenannten Transaxle-Auslegung, bei der Getriebe und Kupplung zum Zweck optimierter Gewichtsverteilung nicht am Motor, sondern in unmittelbarer Nähe zum Differenzial platziert wurden. Großserienpionier war Anfang der 1970er-Jahre Alfa Romeo mit der Alfetta-Limousine gewesen, wenig später gefolgt von Porsche mit den Vierzylinder-Frontmotormodellen 924 und 944 sowie dem Achtzylinder 928. Das zusätzliche Gewicht des Getriebes an der Hinterachse und die räumlich getrennten Einbaupositionen von Motor und Kraftübertragung führten bei Lastwechseln zu noch deutlich stärkeren Reaktionsmomenten, denen man mit dem Einbau eines sogenannten Torsionsrohrs, auch Drehmoment- oder Transaxlerohr bzw. in Englisch »torque tube« genannt, entgegenwirkte.

Fahrwerk

Kein Zweifel: Neben seinem äußeren Erscheinungsbild und dem Antriebsaggregat stellt die technische Konfiguration des Fahrwerks bzw. das daraus resultierende Fahrverhalten das dritte konstitutive Merkmal eines ernstzunehmenden Sportwagens dar – und der MX-5 sollte genau das sein. Dabei gab es durchaus mehrere Wege, dieses Ziel zu erreichen, aber Mazda wählte den aufwendigsten, aber im Endeffekt auch vielversprechendsten. Dass vorne eine Doppelquerlenkerachse zum Einsatz kommen sollte, entsprach bereits gehobenem Standard, war aber nicht weiter ungewöhnlich. Dass angesichts des überschaubaren Leistungsvolumens des Motors und des geringen Gewichts des Gesamtfahrzeugs allerdings auch die Hinterräder an Doppelquerlenkern aufgehängt waren, zeigte, dass man in Hiroshima keine halben Sachen machen wollte. Um überzeugende, das heißt sportwagenmäßige Fahreigenschaften sicherzustellen, hätte an sich auch die weniger aufwendige und folglich preiswertere Lösung einer leichten, präzise an Lenkern geführten, schraubengefederten Starrachse genügt, wie sie beispielsweise im RX-7 der ersten Generation zur Anwendung gekommen war. Die Entwickler entschieden sich aber schon früh für die kompromisslose, auf bestmögliches Handling ausgelegte Konfiguration, die natürlich auch als Werbeaussage ein verkaufswirksames Argument für Enthusiasten war.

Ein besonderes Highlight der Hinterachskonstruktion und zugleich ein Ausweis ihrer Modernität war eine sich bei beherzter Kurvenfahrt definiert verformende vordere untere Aufhängungs-

Ungewöhnliche Vorgeschichte: Gut Ding will Weile haben

buchse, was einen leichten Mitlenkeffekt zur Steigerung der Fahragilität bewirkte. Komplettiert wurde die Auslegung durch rundum zum Einsatz kommende Gasdruckstoßdämpfer sowie vorne und hinten unterschiedlich dimensionierte Querstabilisatoren, die der Seitenneigung der Karosserie enge Grenzen setzten.

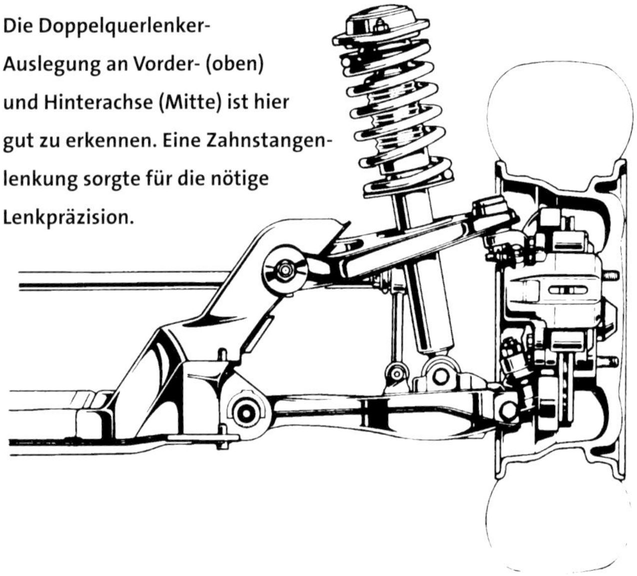

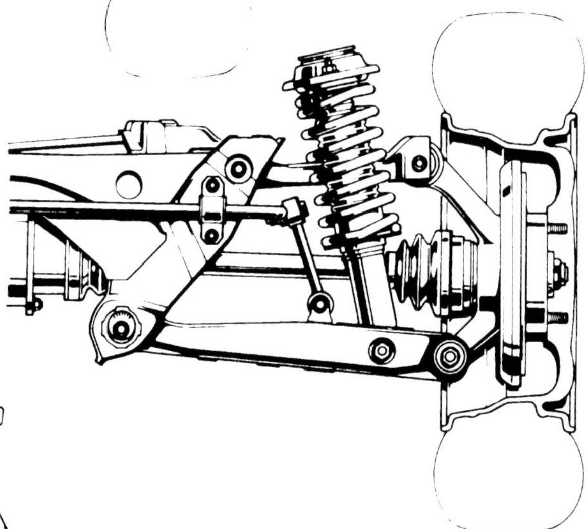

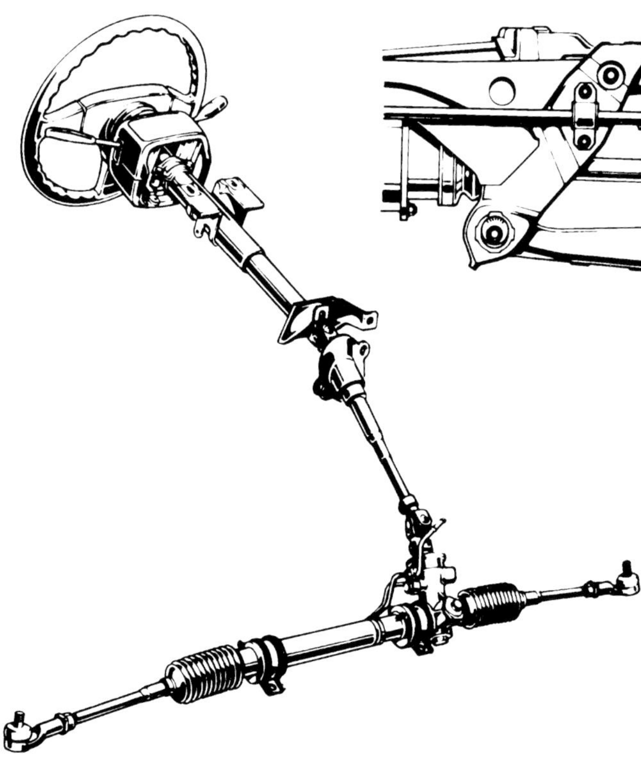

Die Doppelquerlenker-Auslegung an Vorder- (oben) und Hinterachse (Mitte) ist hier gut zu erkennen. Eine Zahnstangenlenkung sorgte für die nötige Lenkpräzision.

Verankert waren die Radaufhängungen jeweils auf einem stabilen Fahrschemel, wobei der vordere auch das Lenkgetriebe aufnahm. Für optimale Präzision und Fahrzeugkontrolle war die Verwendung einer Zahnstangenlenkung ohnehin obligatorisch, aber den Verantwortlichen schien es – vermutlich mit Blick auf den US-Markt – geboten, auch eine servounterstützte Lenkung, zumindest als Wunschextra, anzubieten. Gebraucht hätte es die wegen des niedrigen Fahrzeuggewichts und relativ schmaler Bereifung nicht; am Ende war es aber gut, dass es sie gab, zumal sie perfekt austariert war und nichts an Fahrbahnkontakt oder Präzision zu wünschen übrigließ.

Die optional lieferbare Servolenkung war aber auch das einzige – wenn man so will – »Fahrerassistenzsystem«, das zum Start der MX-5-Geschichte eine Rolle spielte. Gegen Ende der 1980er-Jahre gab es diesen Begriff nicht einmal. Was seinerzeit jedoch existierte und bereits zum Ausstattungsstandard einiger weniger Pkw gehörte bzw. gegen einen satten Aufpreis als Extra erhältlich war, war ein Antiblockiersystem (ABS). Das war zum Serienstart des Roadsters allerdings weder serienmäßig noch als Sonderwunsch erhältlich. Erst zum Beginn der 1990er-Jahre kamen einige Exemplare auf den US-Markt, die über ein ABS verfügten. Standardmäßig wurde es in Deutschland, laut Presseinformation der deutschen Mazda-Dependance, erst ab 1995 eingebaut. Das damalige Fehlen der heute üblichen, umfangreichen elektronischen Assistenzsysteme, von der Antriebsschlupfregelung bis zum Spurhalteassistenten, mag man aus Sicherheitserwägungen beklagen, hatte aber aus Enthusiastensicht auch sein Gutes: Es leistete einen erheblichen Beitrag zum niedrigen Fahrzeuggewicht und sorgte darüber hinaus für ein ursprüngliches Fahrerlebnis, wie es das Sportwagenpublikum seinerzeit noch erwartete.

Dass die Entwickler in puncto Fahrdynamik offenbar nicht bereit waren, auf 08/15-Lösungen zurückzugreifen und – vermutlich aus Marketinggründen – lieber »Overengineering« betrieben, zeigte auch die Spezifikation der Bremsanlage. Für einen Roadster, dessen Zielgewicht im fahrfertigen Zustand bei deutlich unter

Die Vierrad-Scheibenbremsanlage mit vorne sogar innenbelüfteten Scheiben hatte mit dem leichten MX-5 keinerlei Mühe. Sie zeigte vielmehr, mit welcher Mentalität die Entwickler zu Werke gegangen waren.

1000 Kilogramm lag, war eine Vierrad-Scheibenbremsanlage mit dazu noch innenbelüfteten vorderen Scheiben eigentlich nicht erforderlich. Auch hier hätten Massivscheiben vorne und vernünftige Trommelbremsen hinten ihren Dienst in angemessener Weise verrichten können – aber das war eben nicht der Anspruch, mit dem der MX-5 nach dem Willen seines Herstellers antreten sollte. Und in Sachen Fahrdynamik noch üppige Reserven zu haben, konnte ebenfalls nicht verkehrt sein. Rückblickend betrachtet, hatten die Verantwortlichen bei Mazda mit dieser Strategie vollkommen recht, denn es waren exakt solche Dinge, die den MX-5 in den Augen des Zielpublikums zu etwas Besonderem machten.

Nichts Besonderes war dagegen die Wahl der Felgen- und Reifendimensionen. Hier widerstand man zum Glück der Versuchung eines optisch möglicherweise attraktiveren Overengineering und beschränkte sich auf Formate, die perfekt zum Gesamtpackage passten. 5,5-Zoll-Felgen mit 185/60 x 14-Reifen hielten die ungefederten Massen gering, bauten in nahezu allen Fahrzuständen genügend Traktion und Haftung auf und verfügten über einen spritsparend niedrigen Rollwiderstand.

Karosserie

In der Konzeptphase des neuen kleinen Sportwagens hatten sich die Projektverantwortlichen selbstverständlich mit der Frage befasst, welche grundsätzliche konstruktive Auslegung des Fahrzeugs die beste und geeignetste für einen Markterfolg sei. Da unter den gegebenen Rahmenbedingungen Exotisches ohnehin nicht in Frage kam, beschränkte sich die Auswahl auf drei gängige Alternativen: erstens eine landläufige selbsttragende Stahlkarosserie, zweitens eine leichtgewichtige Aluminiumkarosserie und drittens eine Kunststoffkarosserie mit wie auch immer geartetem Rahmen als Tragstruktur. Letztere Variante schien nach der Papierform besonders interessant, da sie üblicherweise ein niedriges Fahrzeuggewicht bedeutete, typisch für Sportwagen war – und nicht zuletzt den so vorbildhaften Lotus Elan gekennzeichnet hatte. Allerdings waren die Probleme, die eine solche Auslegung mit sich brachte, nur allzu bekannt. Vor allem waren die darstellbaren Produktionsstückzahlen limitiert. Einzig die US-amerikanische Sportwagenikone Corvette hatte es dank einer über Jahrzehnte verfeinerten Fertigungstechnik inzwischen auf eine jährliche Kapazität von bis zu 50.000 Einheiten mit qualitativ hochwertiger Kunststoffkarosse gebracht. Zwar bewegte sich diese Zahl auch innerhalb des für den MX-5 erwarteten Spektrums, doch hatte man in Japan weder eine etablierte Fertigungsstruktur für solche Kunststoffkarosserien noch auch nur im Ansatz genügend Erfahrung mit dem Material in der Großserie. Da eine Fremdfertigung im Lohnauftrag bei einem kompetenten Kooperationspartner aus grundsätzlichen Erwägungen nicht in Frage kam, schied diese Variante aus.

Ähnlich anspruchsvoll war die Option einer aus Aluminium gefertigten Karosserie, und zwar aus mehreren Gründen: Anders als eine Stahlblechkarosserie bot das Material aufgrund seiner spezifischen Eigenschaften nicht die für eine selbsttragende Struktur notwendige Stabilität, das heißt, es wäre hier ebenso notwendig gewesen, einen auch produktionstechnisch sehr aufwendigen Karosserieunterbau zu konstruieren, der mit der aus Aluminiumblechen gefertigten Außenhaut hätte beplankt werden müssen. Darüber hinaus musste zusätzlich ein Fahrgestellrahmen als Tragstruktur zum Einsatz kommen. Somit war nicht nur das Material selbst, sondern auch die Konstruktion ein kritischer Kostenfaktor. Erst zehn Jahre später gelang es Audi mit dem revolutionären Kompaktvan A2, einen nahezu vollständig aus Aluminium bestehenden Leichtbau-Pkw für große Stückzahlen zu entwickeln. Dessen konstruktives Geheimnis bestand in der innovativen Space-Frame-Technologie auf Basis von großserientauglichen Aluminium-Strangpressprofilen. In der zweiten Hälfte der 1980er-Jahre, als der MX-5 allmählich Realität wurde, war dies noch Zukunftsmusik, weshalb, trotz aller potenziellen Vorteile der Nutzung von Aluminium hinsichtlich des Fahrzeuggewichts, auch diese Möglichkeit verworfen wurde.

Am Ende blieb eine konventionelle selbsttragende Stahlblechkarosserie die optimale Lösung, mit der dank fortschrittlicher Konstruktionsweisen auch das angestrebte Gewichtsniveau zu erreichen war. Hilfreich war dabei, dass man sich dazu entschied, zumindest in begrenztem und beherrschbarem Rahmen von den Vorteilen einer Verwendung des Leichtmetalls zu profitieren, indem man eine um 14 Kilogramm leichtere Aluminium-Motorhaube vorsah. Weitere Leichtbaumaßnahmen waren der aus besonders dünnem Blech gepresste Kofferraumdeckel sowie die Verwendung von Polyurethan für Front- und Heckschürze bzw. -stoßfänger. Selbstverständlich trug auch die zierliche Dimensionierung des Roadsters zum vergleichsweise günstigen Gewicht bei. Wer die Eckwerte jedoch genau unter die Lupe nahm und mit dem Vorbild Lotus Elan verglich, dem blieben die tatsächlichen Unterschiede zwischen Groß- und Kleinserienfahrzeug nicht verborgen.

Zwar waren die Radstandmaße von 2265 mm im Fall des MX-5 und 2134 mm beim Lotus nicht dramatisch verschieden, doch differenzierte sich das Bild bei der Betrachtung der Fahrzeuglängen und -breiten sowie des Gewichts. Die Karosserie des – definitiv kompakten – MX-5 war mit 3970 mm um fast 30 cm länger als die des nur 3690 mm messenden Lotus, vor allem aber im Breiten-

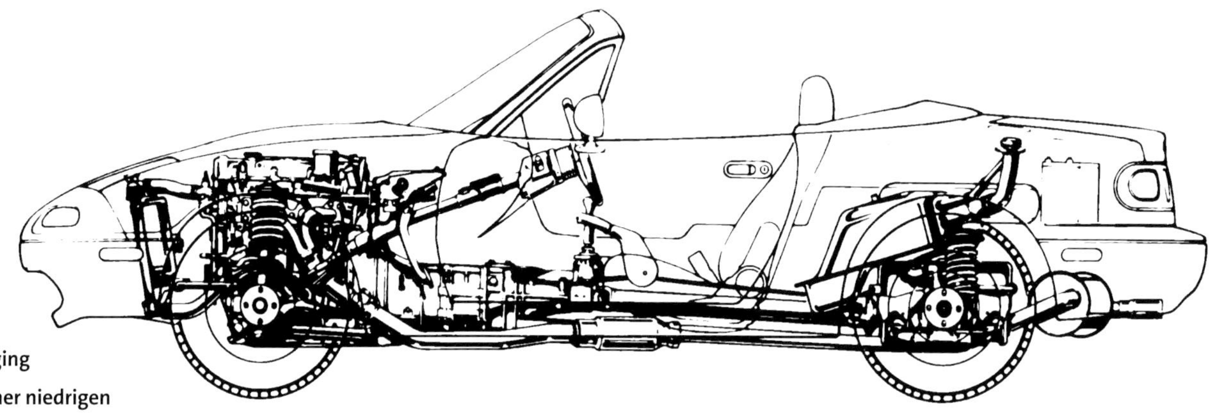

Das kompakte Packaging des MX-5 war mit seiner niedrigen Schwerpunktlage und ausgeglichener Achslastverteilung voll auf hohe Fahragilität ausgerichtet.

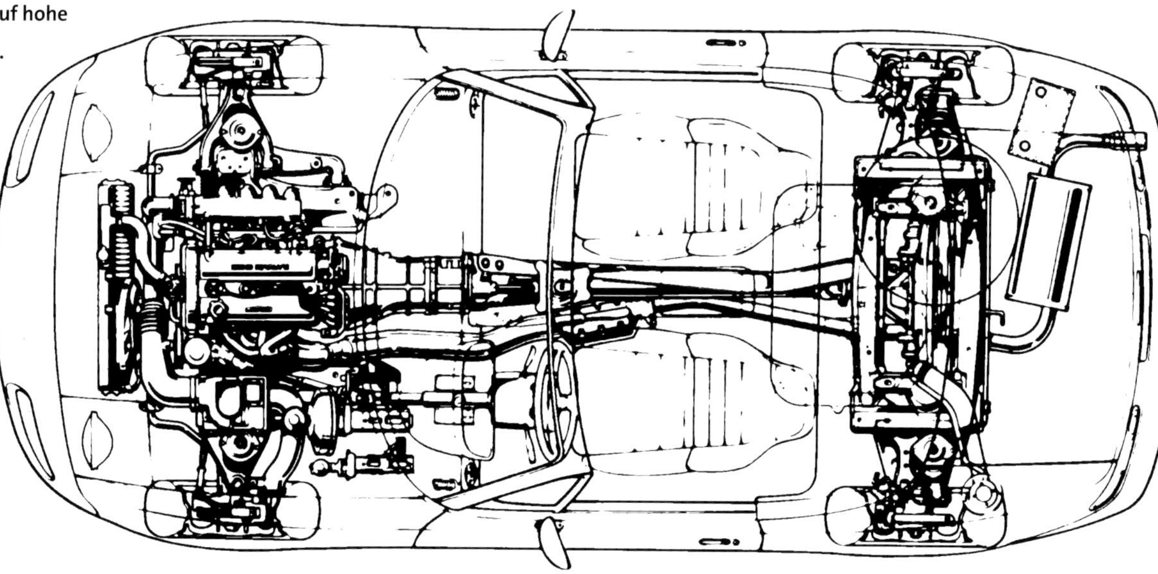

maß überbot der Japaner den Briten ganz massiv: Hier standen 1675 mm des MX-5 ganzen 1422 mm des Elan gegenüber. Damit war der Lotus noch einmal um acht Zentimeter schmaler als beispielweise der automobile Zwerg smart fortwo. Dass sich angesichts solcher Werte die Fahrzeuggewichte drastisch unterschieden, war nicht weiter verwunderlich: Die ersten serienmäßig gebauten MX-5 wogen maximal 955 Kilogramm, während ein Lotus Elan Sprint Roadster nur rund 690 Kilogramm auf die Waage brachte. Der Vergleich machte aber auch deutlich, dass ein Klein- und ein Großserienfahrzeug zwei unterschiedliche Paar Schuhe waren: Der Mazda präsentierte sich in jeder Hinsicht alltagstauglich und auf die Erwartungen eines breiten Kaufpublikums abgestimmt, der Lotus hingegen war in seiner Kompromisslosigkeit ein Fahrzeug für Hardcore-Enthusiasten und wollte auch nichts anders sein.

Um dennoch aus dem MX-5 mit seinem Doppelquerlenker-Fahrwerk das Maximum an Fahrspaß herauszuholen, achteten dessen Entwickler neben dem Gesamtgewicht auch besonders auf die Achslastverteilung, also die prozentuale Verteilung des Fahrzeuggewichts auf Vorder- und Hinterachse. Um das Handling bei Kurvenfahrt bis in den physikalischen Grenzbereich möglichst neutral zu halten, sollte hier das Ideal von 50 % zu 50 % erreicht werden. Dieser für ein Frontmotorfahrzeug durchaus herausfordernden Zielstellung begegneten die Mazda-Ingenieure gleich durch eine Reihe von Maßnahmen. Zunächst wählten sie für den Motor eine Einbauposition nicht über, sondern leicht hinter der Vorderachse. Damit rückte schon viel Gewicht in Richtung Fahrzeugzentrum. Dann wurde der grundsätzlich im Heck platzierte Tank schräg vor die Hinterachse, also ebenfalls in Richtung Fahrzeugzentrum, platziert. Ergänzend wurde noch die üblicherweise im Motorraum untergebrachte, schwere Starterbatterie auf einen Platz seitlich im Kofferraum umgesiedelt.

Ein konstruktives Detail der Karosserie, das sich für die japanischen Entwickler in ihrem Perfektionsdrang aber eher als Fingerübung darstellte, war das Cabrioverdeck des MX-5. Mit dem Ende der britischen Roadster-Tradition à la MG und Triumph war endlich auch die umständliche Prozedur des Öffnens und Schließens von deren Dächern Geschichte. Diese waren eigentlich nur halbwegs faltbar gewesen, da man den Vinyldachbezug zeitraubend per Hand fein säuberlich falten und mehr schlecht als recht unter die Abdeckung quetschen musste, ohne ihn an den Scharnieren des Verdeckgestänges zu ruinieren. Leuchtendes Gegenbeispiel war das Verdeck des Alfa Romeo Spider, das nicht nur Waschanlagen-kompatibel war, sondern innerhalb von Sekunden und, wenn es schnell gehen musste, sogar vom Innenraum aus geöffnet und geschlossen werden konnte. Erwartungsgemäß gelang es den Mazda-Ingenieuren, die Verdeckbedienung des MX-5 so leichtgängig und geschmeidig zu machen, dass sie bei der Gesamtbeurteilung des Roadster nicht einmal mehr eine Rolle spielte – obwohl auch hier eine Persenning als Abdeckung händisch angeknöpft werden musste. Unbefriedigend war und blieb vorerst noch, dass die per Reißverschluss zu öffnende Heckscheibe nach traditioneller Art aus Vinylmaterial bestand und mit der Zeit an Transparenz einbüßte. Nutzer, die den MX-5 ganzjährig im Alltag nutzen wollten, hätten sich vermutlich eine heizbare Glasheckscheibe gewünscht, die es aber erst viele Jahre später gab. Vorerst musste man sich hier mit dem vom Marktstart an gegen Aufpreis lieferbaren Kunststoffhardtop begnügen, das aus dem Roadster ein winterfestes Coupé machte.

Design innen und außen

Mit all seinen konstruktiven Feinheiten, die sich den Blicken der Betrachter allerdings weitgehend entzogen, qualifizierte sich der MX-5 ohne jeden Zweifel als ernstzunehmender Sportwagen. Hier passte einfach alles. Die Frage war, ob insbesondere die äußere Formgebung, die in den Augen der Interessenten stets einen der wichtigsten Schlüsselreize darstellte, dieser sehr hoch liegenden Messlatte gerecht wurde. Zwar hatte die große Produktklinik von 1987 die Arbeit der Stylisten in vollem Umfang bestätigt, doch musste letztlich bis zur offiziellen Präsentation des Roadsters offenbleiben, ob die gewählte Designsprache auch wirklich beim breiten Publikum in gewünschter Weise ankam.

An Komplexität hatte es der Gestaltungsaufgabe tatsächlich nicht gemangelt: Die Linien des Sportwagens mussten vor allem auf den ersten Blick gefallen, das heißt, sie mussten bei der Beurteilung durch möglicherweise Kaufinteressierte irgendwie den größten gemeinsamen Nenner widerspiegeln, und durften doch keine Langeweile verbreiten. Immerhin gab es für die Designer keine markenspezifischen Erkennungsmerkmale, die bei der Gestaltung zu berücksichtigen waren. Da eine polarisierende extrovertierte Formgebung ohnehin nicht Sache der Japaner war, wurde eine sympathisch und harmonisch wirkende Linienführung verwirklicht, die Freundlichkeit ausstrahlte und ohne Ecken und

Kanten auskam. Sportlich-aggressive optische Akzente, die dem Roadster mehr Profil und Charakter hätten verleihen können, suchte man durchweg vergebens. Als hartgesottener Sportwagen-Enthusiast mochte man das bedauern, aber dem breiten Publikumserfolg war die gestalterische Zurückhaltung letzten Endes zuträglich. Zuträglich waren die weichen, rundlichen Konturen allerdings auch der aerodynamischen Effizienz der Karosserie. Da Fahrzeuge ohne festes Dach es hier generell schwerer hatten,

Freundlich und von hoher allgemeiner Gefälligkeit war das Äußere des MX-5. Die finale Formgebung verzichtete auf jede Prägnanz, was sie über die Jahre auch kaum altern ließ.

konnte der von Mazda offiziell zu Protokoll gegebene cW-Wert von 0,38 als respektabel gelten. Dieser bezog sich jedoch auf das Fahrzeug mit geschlossenem Dach. War das Verdeck jedoch heruntergeklappt, verschlechterte sich der Wert auf 0,44.
Die Innenraumgestaltung gehörte seit jeher und auch Mitte der 1980er-Jahre sicher nicht zu den kaufentscheidenden Argumenten, wenn es um die Vermarktung von Sportwagen ging. Doch waren Ausstrahlung und Anmutung eines Interieurs auch bei Zweisitzern ein nicht zu vernachlässigendes Kriterium, das bei der Beurteilung eines Gesamtfahrzeugs durch das Zielpublikum durchaus eine Rolle spielte. Die Designabteilungen taten also gut daran, diesem Aspekt die nötige Aufmerksamkeit zu widmen. Nun zählten japanische Automobilhersteller in dieser Hinsicht beileibe nicht zu den Schrittmachern der Branche, aber speziell Mazda war auch in dessen Hochzeiten während der 70er-Jahre nie einer der führenden Vertreter des sprichwörtlichen »Japan-Barock« gewesen. Innenräume und insbesondere die Armaturentafeln plus – sofern vorhanden – Mittelkonsolen der diversen Fahrzeugbaureihen orientierten sich zwar am Zeitgeschmack, doch präsentierten sie sich insgesamt stilistisch zurückgenommen. Zudem wandte man sich in den Designbüros in Hiroshima spätestens mit dem Beginn der 80er-Dekade einer geradezu europäisch geprägten Gestaltungsphilosophie zu, wie sie in der Folge stilprägend für die globale Automobilindustrie wurde.

Gestaltung wie Ausführung des MX-5-Innenraums spiegelten diese Entwicklung in jeder Hinsicht wider, wenn auch an manchen Ecken und Enden erkennbar war, dass man mit ganz scharfem Blick auf die Kosten hatte achten müssen. So gab es sehr schlanke, aber ansprechend konturierte Sportsitze mit Stoffbezug, ein lederbezogenes Dreispeichen-Sportlenkrad und eine glattflächige Armaturentafel samt schmaler Mittelkonsole mit Armauflage. Fahrerseitig war ein linsenförmig gerundeter, kompakter Instrumentenblock platziert, der neben diversen Leuchtanzeigen fünf klassische Rundinstrumente enthielt. Die beiden großen informierten über Geschwindigkeit und Drehzahl, die drei kleinen gaben Auskunft über Tankinhalt, Wassertemperatur und – ganz Sportwagen-like mitten im Blickfeld – den Motoröldruck. Alles wirkte ebenso stilsicher wie geschmackvoll gestaltet, entsprach darüber hinaus dem seinerzeit aktuellen Stand der Ergonomie und garantierte eine simple Bedienbarkeit, auch ohne intensives Studium der Betriebsanleitung. So erfüllte das MX-5-Interieur die wichtigsten Forderungen der Entwickler: Es war praxistauglich und genügte in seiner Gefälligkeit den Erwartungen breiter potenzieller Käufergruppen. Lediglich ein Merkmal im Innenraum war dazu geeignet, Enthusiastenherzen ganz besonders hoch schlagen zu lassen: der ultrakurze, grazile Schalthebel, der schon beim Betrachten freudige Erwartung weckte.

Dass in einem kompakten Roadster keine allzu üppigen Raumverhältnisse herrschen konnten, gehörte zwar zur Geschäftsgrundlage dieser Fahrzeuggattung, doch war es den Entwicklern in Hiroshima gelungen, für beide Passagiere ein angemessenes Platzangebot zu schaffen – zumindest, wenn die Körpergröße nicht wesentlich über 180 Zentimeter hinausging. Hinter den Sitzen befand sich nicht unmittelbar die Schottwand zum Kofferraum, sondern es ergab sich eine etwa vier Handbreit messende, leicht erhöhte, ebene Fläche, auf die das vordere Ende der Verdeckabdeckung geknöpft wurde, wo man aber auch Kleinutensilien oder Kleidungsstücke in direkter Griffnähe unterbringen konnte – bei geöffnetem Dach aber tunlichst nicht die Sogwirkung des Fahrtwinds unterschätzen sollte. Das Raumgefühl im MX-5 war so, wie es Liebhaber kleiner Sportwagen, seien es Cabrios/Roadster oder Coupés, mochten: Mit seiner begrenzten Innenbreite vermittelte es Behaglichkeit und Intimität,

Ähnlich wie beim Exterieur wurde auch bei der Gestaltung des Innenraums ein sportlich-sachlicher Stil verfolgt, der Wert auf gute Ergonomie und leichte Bedienbarkeit legte.

ohne dass klaustrophobische Gefühle aufkamen. Zudem gab es genügend Fußraum sogar für lange Touren. Die Sitzhaltung war angenehm sportlich zu nennen, wobei dank der vielfach verstellbaren Sitze (nahezu) niemand Probleme hatte, eine perfekte Lenkradposition zu finden. Diesbezüglich unterschied sich der MX-5 wohltuend vom seinerzeit noch produzierten Cabrio-Urgestein Alfa Spider, dessen italienisch flach stehendes Lenkrad und ein nach vorn erkennbar abfallender Wagenboden bei Fahrern und Fahrerinnen die bekannte, herzhaft unbequeme »Froschhaltung« erzwangen.

Trotz seiner geringen Bauhöhe nervte der Neue auch nicht mit Unbequemlichkeiten beim Ein- oder Aussteigen. Bei geschlossenem Dach war hierbei ein wenig körperliche Rest-Beweglichkeit sicher hilfreich, aber der MX-5 wollte nicht von vorneherein Käufer ab der Ü-50-Altersklasse ausschließen.

Ein bei Sportwagen wesentlich stärker mit Emotionen besetzter Aspekt war dagegen die Frage, wie denn nun der Japan-Roadster klingen sollte. Da bereits in den 1980ern die Zeiten vorbei waren, wo Autos innerhalb zulässiger Grenzen so klangen, wie sie konstruktionsbedingt halt klangen, und das sogenannte Sound Design bei Serienfahrzeugen, insbesondere Sportwagen, immer größere Bedeutung bekam, wurde der MX-5 auch einer »Klang-Klinik« unterzogen. Dazu wurden nicht direkt in die Entwicklung des Wagens eingebundene Testhörer, deren Hintergrund und Altersquerschnitt den zu erwartenden Käufergruppen entsprach, gebeten, sich verschiedene Auspuffsounds anzuhören. Die Beteiligten sollten anschließend ihre Eindrücke auf Bewertungsbögen eintragen, die wieder eingesammelt wurden. Nach eingehender Analyse der Ergebnisse wurde dann eine Abgasanlage konstruiert, von der man hoffte, dass sie in den Ohren der Zielgruppe tatsächlich einen Klang produzierte, der einerseits zur Fahrzeuggattung und andererseits zum MX-5 selbst optimal passte.

In seiner Gesamtcharakteristik ein Quell purer Freude, mangelte es dem Vierzylinder eigentlich nur an einem charakteristischen Sound.

Das Ergebnis dieses aufwendigen Prozesses in Form der dann serienmäßigen Edelstahl-Auspuffanlage musste alle Fans jedoch einigermaßen enttäuschen. Von einem charismatischen, auch ohne Ansicht des Fahrzeugs wiedererkennbaren Sound, wie ihn zum Beispiel ein MGB oder ein klassischer Alfa Spider besaßen, war beim Mazda Roadster nichts zu hören. Die über das prosaische Einzelendrohr der Auspuffanlage nach draußen dringenden Lebensäußerungen des DOHC-Vierzylinders waren akustisch zwar angenehm und sympathisch, aber nicht dazu angetan, beim Hörer auch nur im Ansatz eine Gänsehaut zu erzeugen. Hier hatte der Wunsch der Verantwortlichen, es möglichst vielen recht zu machen, zu einem MX-5-untypischen Mangel an Profil geführt – bedauerlich, aber am Ende kein Beinbruch …

Marketingtechnisch von weit größerer Bedeutung als sein Auspuffsound war die eigentliche Modellbezeichnung des Neulings. Der hatte, wie üblich, als Entwicklungsprojekt diverse interne Codenummern bekommen, die sich allesamt aber nicht wirklich als Modellname eigneten und zudem nicht in die Palette der bisherigen Mazda-Typennomenklaturen passten. Andererseits beharrten die Verantwortlichen in Hiroshima darauf, dem Neuen, der eine Sonderstellung im Pkw-Programm einnahm, eine eigene Modellbezeichnung zu geben, die dies auch nach außen hin deutlich machte. Ein Vorbild war hier die RX-Baureihe, der ausschließlich Fahrzeuge mit Kreiskolbenmotor angehörten. Da ein solches Triebwerk für den neuen Roadster nicht in Frage gekommen war, lag es stattdessen nahe, den Roadster imagemäßig in die Nähe der damaligen Konzeptstudien von Mazda zu rücken. Diese wurden mit der Buchstabenkombination MX, einem Bildestrich und einer durchlaufenden zweiziffrigen Nummerierung versehen. 1983 war der MX-02 Concept, zwei Jahre später der MX-03 Concept und 1987 der MX-04 Concept entstanden, Fahrzeuge, die nichts oder nur sehr entfernt etwas mit dem neuen Serien-Roadster zu tun hatten.

Sorgfältige Ausarbeitung auch kleiner Details, wie der sauber in die Linienführung eingepassten Heckleuchten, war und ist typisch für die japanische Art, die Dinge anzugehen.

Grundsätzlich bot es sich vor diesem Hintergrund tatsächlich an, den neuen Kompaktsportwagen MX-05 zu nennen, was allerdings, wie man bei Mazda fand, für ein Großserienfahrzeug nicht geschmeidig genug über die Lippen ging und auch in gewisser Weise eine zu große Nähe zu den Konzeptstudien suggerierte. Also beschloss man, die »0« wegzulassen und »MX-5« zur Modellbezeichnung zu machen – das passte auch gut zur seinerzeit aktuellen RX-Baureihe, wo sich die neue, bisher radikalste Generation des RX-7 im fortgeschrittenen Entwicklungsstadium befand. Um die Absatzchancen auf allen Märkten möglichst optimal zu gestalten, bat man sinnvollerweise auch die inzwischen zur Mazda Motor of America Inc. umstrukturierte US-amerikanische Vertriebsgesellschaft um ihre Meinung zur gefundenen Lösung. Die fiel allerdings weniger begeistert aus als erwartet: Man hielt »MX-5« für zu dröge und technoid. Stattdessen schlug man zunächst das Wort »Laguna« als Modellbezeichnung vor, was aber bald ebenso verworfen wurde. Dann brachte der Marketing-Chef der US-Dependance das Wort »Miata« ins Spiel – dem Vernehmen nach ein Begriff mit Wurzeln im Germanischen, der auf Althochdeutsch so etwas wie »Belohnung« bedeutete. Letztlich einigte man sich mit dem Mutterhaus in Hiroshima auf den Kompromiss, den Wagen in Nordamerika unter der Bezeichnung MX-5 Miata anzubieten.

Das hätte man auch gerne auf dem japanischen Heimmarkt so gehandhabt, doch hier gab es mit dem Wort »Miata« spezielle Probleme. Man befürchtete bei einer Verwendung Namensrechtsstreitigkeiten mit der Firma Miyata Kōgyō K.K, dem renommiertesten und traditionsreichsten Fahrradhersteller des Landes. Um die zu umgehen, bediente man sich einer in Japan nicht unüblichen Methode: Man schuf mit »Eunos« eine neue Marke, über deren Vertriebsstrukturen eine bestimmte Auswahl von Mazda-Fahrzeugen in den Markt gebracht werden sollte. Den Start machte der neue kompakte Sportwagen, und so mutierte der MX-5 Miata zum Eunos Roadster. Unter diesem Namen wurde der Neue in Japan, ausgesuchten anderen asiatischen Märkten und in Australien vermarktet.

Da man den Wagen in allen anderen weltweiten Verkaufsregionen schlicht MX-5 nennen wollte, gab es am Ende drei unterschiedliche Verkaufsbezeichnungen. Aber auch dieser Anflug von – nicht zuletzt kostenintensiver – Überregulierung sollte dem Erfolg des kompakten Sportwagens nichts anhaben können. Zunächst aber musste dessen Serienproduktion so geschmeidig ins Laufen kommen, dass man einen konkreten Termin zur Weltpremiere fixieren konnte.

Die letzte Ausbaustufe der Wankel-motorisierten RX-7-Baureihe befand sich zum Zeitpunkt der MX-5-Einführung in der letzten Entwicklungsphase.

KAPITEL 2

Die 1. Generation (1989–1998):
Erweckungserlebnis für Roadsterfans

1989
Glänzender Start

Dass nicht der Genfer Salon oder gar die Frankfurter IAA als Bühne für die Weltpremiere des neuen kleinen Mazda-Sportwagens dienen sollte, sondern mit der jährlich im Februar veranstalteten Chicago Auto Show die seinerzeit größte und älteste Automobilmesse der USA, schien nur logisch. Hier versammelte sich das Zielpublikum, auf diesen Großevent waren die Augen der Autoverrückten Amerikaner gerichtet. Und hier musste der MX-5, dessen physische Existenz schon seit längerem eines der am schlechtesten gehüteten Geheimnisse der Branche war, auf Anhieb für Furore sorgen. Das Auto selbst, sein angekündigter Preis und die von Mazda zu beeinflussenden Rahmenbedingungen mussten zu diesem Zweck optimal aufeinander abgestimmt sein.

Ob dies auch bei Letzteren gelungen war, wurde kurz vor der Messe hie und da bezweifelt, denn der kleine Roadster musste die Aufmerksamkeit von Besuchern und Medien mit zwei ebenfalls aus Japan stammenden automobilen Attraktionen teilen. Ebenfalls Weltpremiere feierte in Chicago die neue Generation des Nissan 300 ZX, und vom Honda NSX wurde ein Vorserienmodell gezeigt – beides ambitionierte Sportwagen der gehobenen Leistungs-, aber auch Preisklasse. Bei Mazda war man zuversichtlich, dass die Messepräsenz dieser leistungsstarken Traumwagen, die als Imagebildner dienen sollten und für einen vergleichsweise kleinen Kundenkreis gedacht waren, nicht nachhaltig vom MX-5 ablenkte, der auf seine Art nicht minder faszinierte.

Um das Ausstellungsstück zu unterstützen und einen weiteren optischen Anziehungspunkt auf dem Mazda-Stand zu schaffen, entschloss man sich, neben der Serienausführung auch eine »Club Racer« genannte, sportlich geschärfte Version des Roadsters zu präsentieren. Diese besaß zwar keinen konkreten Hintergrund mit Blick auf eine etwaige Sonderserie, schürte aber die Vision einer echten Sportausführung für aktive oder Möchtegern-Rennamateure. Äußere Kennzeichen der kanariengelben Studie waren bauchige Kotflügelverbreiterungen, die vorn 205/50er- und hinten 255/45er-Breitreifen auf 15-Zoll-Leichtmetallfelgen beherbergten, ein tief heruntergezogener Frontspoiler, im Einbauraum der serienmäßigen Klappscheinwerfer untergebrachtes Fahrlicht, ein aufgesetzter Heckspoiler, eine neue Heckschürze sowie eine in Wagenfarbe gehaltene Kunststoffabdeckung für das Faltdach (das vermutlich ohnehin demontiert

Premierenauftritt: Mit Vorbedacht wählte Mazda 1989 die Chicago Motor Show als geeignetsten Ort für die Neuvorstellung des MX-5 aus: Die USA galten als wichtigster Zielmarkt für den kompakten Roadster.

werden sollte). Im Innenraum gab es unter anderem Hosenträgergurte und ein lederbezogenes Sportlenkrad des italienischen Herstellers MOMO. Alles sehr hübsch anzusehen und eine Demonstration der im MX-5 noch schlummernden Potenziale.

Als sich die Türen zur Auto Show fürs Publikum geöffnet hatten, wich die leichte Premieren-Nervosität der Mazda-Verantwortlichen schnell purer Entspannung und Freude: Die Besucher drängten sich geradezu, um einen Blick auf den Neuling zu erhaschen, der sich den Betrachtern, unter anderem in unschuldigem Weiß lackiert, präsentierte. Vielleicht sollte dieser etwas zurückhaltende Auftritt die Blicke des interessierten Publikums auf die wohl wichtigste Mitteilung dieser Weltpremiere richten: Der in Nordamerika nun als MX-5 Miata antretende Roadster sollte im Juli des Jahres in die Verkaufsräume der dortigen Mazda-Händler rollen, und zwar zu einem Verkaufspreis, der als geradezu sensationell betrachtet wurde. In der Basisausführung wurden 13.800,– Dollar berechnet, umgerechnet etwa 26.000,– DM – dafür musste man zwar schmucklose silberne Stahlfelgen akzeptieren und auf die Servolenkung verzichten, konnte aber das restliche Paket in vollem Umfang, und sogar mit serienmäßigem Fahrerairbag, genießen. Wessen Brieftasche es erlaubte, konnte, neben diversen Einzelextras, wie einer Klimaanlage, einem CD-Player oder sogar einem Sperrdifferenzial, zwei kostenpflichtige Sonderausstattungspakete ordern. Diese enthielten Nettigkeiten wie die Servolenkung, Leichtmetallfelgen, elektrische Fensterheber und einen Tempomat. Wie attraktiv die Preisgestaltung des MX-5 seinerzeit war, mag ein Vergleich deutlich machen: Ein Alfa Spider 2000 der im Herbst 1989 neu eingeführten, vierten und

Den »Club Racer« inszenierte Mazda als zusätzlichen Blickfang, um die Aufmerksamkeit des Messepublikums auf den neuen offenen Sportwagen zu richten.

Dieses frühe Pressebild für US-Medien zeigt eine klassische Szenerie, zielte aber am Thema vorbei – der MX-5 war schließlich alles andere als ein Cruiser …

Der neu konstruierte Lotus Elan M 100 hätte, trotz Frontantrieb, ein ansehnlicher Verkaufserfolg werden können – wäre da nicht gleichzeitig der MX-5 präsentiert worden …

letzten klassischen Generation kostete in Deutschland gut 40.000,– DM und hatte dem Mazda in keiner Disziplin etwas entgegenzusetzen. Einzig die große Tradition und das gehobene Prestige sprachen noch für den offenen Alfa.

So stießen die Japaner mit dem MX-5 in eine seit langem bestehende Marktlücke, die so groß war wie ein offenes Scheunentor. Kein anderer Großserienhersteller hatte sich getraut, hier mit einer geeigneten Konstruktion nach vorn zu preschen, da man dem tatsächlichen Absatzpotenzial für ein solches Fahrzeug und den Möglichkeiten, damit Geld zu verdienen, nicht wirklich traute. Einzig Lotus, auch unter der damaligen Ägide von General Motors ein Produzent von spezialisierten Nischenfahrzeugen, hatte seit 1986 die Idee verfolgt, mit Unterstützung des US-Giganten einen kompakten, Massenmarkt-, das heißt vor allem US-Markt-tauglichen offenen Sportwagen zu realisieren, der auf Großserienkomponenten zurückgriff. Mit der Modellbezeichnung »Elan« alte Zeiten heraufbeschwörend, wurde die Lotus-Konstruktion nur wenige Wochen nach dem Verkaufsbeginn des MX-5 eingeführt. Natürlich war niemandem bei Lotus Cars und General Motors entgangen, dass sich die schöne Vision einer Alleinstellung innerhalb des betreffenden Marktsegments mit dem kompakten Mazda Roadster in Luft aufgelöst hatte. Aber nicht nur das: Die aggressive Preispolitik der Japaner bedeutete so etwas wie das Todesurteil für den angestrebten Markterfolg des neuen Elan, der zur Unterscheidung von seinem Vorgänger häufig mit dem Zusatzcode »M 100« versehen wurde.

Spätere Tests mit dem Serienfahrzeug, das mit einem 1,6-Liter-DOHC-Vierzylinder von Isuzu mit entweder 129 PS/95 kW oder turbogeladen 162 PS/119 kW angeboten wurde, zeigten zwar, dass der Lotus trotz seines Frontantriebskonzepts in puncto Handling locker mit dem MX-5 mithalten konnte, mit deutlich besseren Fahrleistungen aufwartete und sich auch qualitativ durchaus auf Augenhöhe mit dem preiswerten, routiniert gefertigten Mazda befand. Doch mit einem Preisschild, auf dem schon im Fall der Saugmotor-Version umgerechnet rund 55.000,– DM standen, konnte von einer Konkurrenzsituation keine Rede sein. Damit blieb der Lotus ein Auto für gutsituierte Individualisten, während der Mazda in aller Ruhe dazu ansetzen konnte, den breiten Markt abzuräumen.

Um diese Situation tatsächlich herbeizuführen, lieferten die Marketing- und Werbeabteilungen in Japan und den USA im Vorfeld und parallel zur Weltpremiere in Chicago ein wahres Meisterstück ab. Die zuständigen Produktmanager waren absolut überzeugt vom Erfolg des neuen Roadsters und hatten üppige Budgets für entsprechende Maßnahmen zugeteilt bekommen. So wurde insbesondere das Publikum in Nordamerika mit TV-Werbespots und Anzeigenkampagnen in geeigneten Printmedien geradezu bombardiert. Nahezu niemand konnte einem Kontakt mit dem MX-5 entgehen… Auch Vertreter der Automobil-Fachpresse wurden gezielt in die Aktionen zur Markteinführung eingebunden – um nicht zu sagen: instrumentalisiert. Beispielsweise durfte ein Vertreter des renommierten US-Magazins »Road & Track« schon rund ein Jahr vor der Weltpremiere in Chicago in einem der zwölf Nullserienexemplare des MX-5 Probefahrten

Die Einführungskampagne für den Neuen hatte vor allem in den USA einen langen Vorlauf und war üppig budgetiert. Frühzeitig hatte es Testfahrten mit Nullserienfahrzeugen gegeben.

unternehmen. Darüber schreiben durfte er natürlich noch nicht, doch ließ er beim ersten Testbericht seiner Begeisterung über den neuen, preiswerten Kompaktsportwagen, der alte Tradition in zeitgemäßer Form wieder aufleben ließ, im Juli-Heft 1989 freien Lauf. Ähnliches passierte beim Konkurrenzblatt »Car and Driver«. Hier erging sich man sich in der Juli-Ausgabe ebenfalls in Lobeshymnen, wobei man bei allen Artikeln nie so ganz sicher sein konnte, ob es sich nicht doch um sogenannte »Advertorials« handelte, also um eine Mischung aus redaktionellem Text und einer Werbeaktion. Fakt war, dass solche – absolut branchenüblichen – Aktivitäten nur dann ihr Ziel erreichten, wenn das Produkt, über das berichtet wurde, am Ende auch wirklich überzeugte – und daran bestand beim MX-5 nicht der geringste Zweifel.

So wurde die komplette Markteinführung in Nordamerika schon im Vorfeld zu einem großen Fest für Mazda. Die breit gefächerten Marketing- und Werbemaßnahmen zahlten sich in vollem Umfang aus: Obwohl es sich um einen Roadster und damit um ein Nischenfahrzeug für eine Enthusiasten-Zielgruppe handelte, bei dem es im Alltagsbetrieb den einen oder anderen Kompromiss zu machen galt, rannten die Kaufwilligen in Scharen zu den Mazda-Vertragshändlern und leisteten, ohne den MX-5 je persönlich in Augenschein genommen oder gar Probe gefahren zu haben, sogar schon Anzahlungen. Gerüchte kursierten, dass ganz Ungeduldige stattliche Aufschläge auf den Verkaufspreis zu zahlen bereit waren, um zu den Ersten zu gehören, die einen MX-5 ihr Eigen nennten konnten. Kein Wunder, dass Durchschlagskraft und Umfang des Marketing-gesteuerten MX-5-Hype auch die Unternehmensleitung in Hiroshima überraschte – und man darf vermuten: angenehm.

Ein weiterer Coup, der vor allem auf den Heimmarkt, aber auch den südpazifischen Bereich mit Australien und Neuseeland als starken Mazda-Märkten ausstrahlen sollte, folgte im November 1989. Im Rahmen des traditionsreichen Macau Grand Prix, der auf einem engen Stadtkurs in der damaligen portugiesischen Kolonie, gegenüber von Hongkong gelegen, abgehalten wurde, fand eines der sogenannten »Race of Champions« statt. Hier gaben sich zu Demonstrationszwecken prominente Rennfahrer auf identischen seriennahen Fahrzeugen ein zumeist spektakuläres motorsportliches Stelldichein. In jenem Jahr gelang es Mazda, das Fahrerfeld dieses weltweit Beachtung findenden Produkt-Schaulaufens mit insgesamt 16 neuen, leicht rennmäßig modifizierten MX-5 auszurüsten. Damit wurde neben der publikumswirksamen Exposition der neuen Roadster auch gleich einmal das Thema Motorsport mit diesen Fahrzeugen adressiert.

Auch auf dem heimischen japanischen Markt sorgte der dort Eunos Roadster genannte MX-5 für spontane Begeisterung und volle Auftragsbücher.

Die japanische und deshalb rechtsgelenkte Version wurde unter der neugeschaffenen Kunstmarke Eunos über eigene Autohäuser verkauft. Bereits ab März 1990 stand auf verschiedenen Märkten auch eine 4-Gang-Wandlerautomatik in den Aufpreislisten.

Natürlich war es nicht überraschend, dass der MX-5 bzw. Eunos Roadster auch in Japan begeisterte Reaktionen hervorrief, wiewohl die etwas nüchterner urteilenden Fachjournalisten des Landes das eine oder andere Haar in der Suppe fanden. Optimierungsbedarf sah man im allzu geringen Fassungsvermögen des Kofferraums, und auch das an sich bekannte 1,6-Liter-Triebwerk lief, so fanden einige, etwas unkultiviert – geschenkt..., zumal Japan mit seinem stark reglementierten Verkehr auch nicht gerade das Paradies für fahraktive Roadster war. Aber weder in seiner Heimat noch in den USA und Kanada konnten solche Kleinigkeiten dem Wirbel, der um den MX-5 gemacht wurde, Abbruch tun. Als das Jahr 1989 abgelaufen war und es galt, die Absatzbilanz aufzumachen, wurde klar, dass sich die umfassenden Aktivitäten rund um dessen Einführung in jeder Hinsicht gelohnt hatten. Allein auf dem Hauptmarkt, den USA, hatten die Mazda-Konzessionäre mehr fast 26.000 Exemplare verkaufen können, wohlgemerkt in nur rund fünf Monaten. Das war sogar mehr als die von Unternehmensseite für das komplette Premierenjahr abgegebenen Prognosen, die von manchen Beobachtern als absolut unrealistisch abgetan worden waren. Und auch in Japan wurden über 9300 Fahrzeuge neu zugelassen.

Der kleinvolumige, energische Vierzylinder hielt, was seine Optik versprach. Hinter den Sitzen gab es bei geöffnetem Verdeck noch eine kleine Ablagefläche (rechts), die aber ziemlich dem Fahrtwindsog ausgesetzt war.

Details, die zu Herzen gingen: Die lange Zeit auf vielen Märkten aufpreispflichtigen Leichtmetallräder (links) erinnerten in ihrer Gestaltung nicht nur zufällig an die klassischen britischen Minilite-Felgen ... Auch die aufwendigen und in der Fertigung stets kostspieligen Klappscheinwerfer gehörten zum ikonischen Erscheinungsbild der ersten MX-5-Generation.

1990
Europa ist am Zug

Nachdem zuvor noch die Rechtslenkermärkte Australien und Neuseeland in den Genuss der MX-5-Einführung gekommen waren, lag der Fokus mit Beginn der neuen Dekade nun auf Europa, das viel heterogenere Kunden- und Absatzstrukturen aufwies; zudem stand hier die Wiege solcher Sportwagenkonzepte, was unter anderem zu einer wesentlich kritischeren Beurteilung führte, insbesondere, wenn das betreffende Produkt aus Fernost stammte. Formelhafte Reflexe dieser Art, wie sie auch heute noch zum Teil – aber nicht mehr in Bezug auf Japan – existieren, waren seinerzeit in Europa durchaus noch an der Tagesordnung. Deutschland und Großbritannien wurden von Beginn an als stärkste Märkte eingeschätzt, und so veröffentlichte die in Leverkusen ansässige deutsche Mazda-Niederlassung im Frühjahr Pressematerial, das wortreich die Entstehungsgeschichte des Roadsters und seine Positionierung beschrieb. Bereits im Premierenjahr hatte das Fachmagazin »auto motor und sport« die Chance genutzt, ein frühes, für den US-Markt produziertes Serienexemplar ausführlich in Kalifornien zu testen, wobei das Resümee, wie zu erwarten, überaus positiv ausfiel. Welcher Quelle jedoch die im Artikel verbreitete »schlechte Nachricht« entstammte, nach der Mazda »nur 5000 Miata pro Jahr« plane, von denen »nur 500 nach Europa« kommen sollten – die selbstverständlich längst »fest gebucht« seien –, ist rund 35 Jahre später nicht mehr nachzuvollziehen ... die oben genannte Zulassungszahl allein in den USA spricht eine andere Sprache.

In Deutschland fand der Marktstart im Mai 1990 statt, als Grundpreis wurden 35.500,– DM festgelegt. Ursprünglich nicht in der Standardausstattung enthalten waren Merkmale wie elektrische Fensterheber, eine Servolenkung, die hübschen Leichtmetallfelgen (ohne die für den deutschen Markt gedachte Fahrzeuge aber quasi nie auf die Straße rollten) und ein ABS. Der Fahrerairbag samt zugehörigem Vierspeichenlenkrad blieb vorerst den nordamerikanischen Käufern vorbehalten. Ansonsten gab es

Dieses von 1995 stammende Pressebild der deutschen Mazda Vertriebsgesellschaft zeigt, dass die biederen Stahlfelgen nach wie vor Teil der Basisausführung eines MX-5 waren.

technisch keine nennenswerten Unterschiede in der Spezifikation, die angegebene Motorleistung von 85 kW, sprich 115 PS, war optimal auf die Leistungsstufen der deutschen Kfz-Haftpflichtversicherer abgestimmt. Allerdings hatte man in Leverkusen so seine Probleme mit der noch ungewohnten kW/PS-Umrechnung: In den »Technischen Daten«, die Teil der Pressemappe waren, entsprachen 85 kW leider nur 110 PS …

Die Gestaltung des Verkaufspreises in Deutschland war für eine solche Art von Fahrzeug zwar absolut in Ordnung, zumal damals kein einziger echter Wettbewerber in diesem Segment in Sicht war, aber ein Grund, so zu jubeln wie in den USA, waren die aufgerufenen gut 35.000,– DM nicht. Immerhin waren das rund 10.000,– DM mehr als jenseits des Atlantiks berechnet wurden. Noch schlimmer traf es britische Interessenten, wo der MX-5 im September erstmals

Das von Beginn an verfügbare Kunststoff-Hardtop verwandelte den ohnehin alltagtauglichen MX-5 in ein Ganzjahresfahrzeug. Wie im Bild oben rechts zu erkennen, faltete sich das Verdeck fein säuberlich unter die noch manuell anzuknöpfende Persenning aus Vinylmaterial.

in die Verkaufsräume gelangte. In eher magerer Standardausführung waren dort knapp 15.000 Pfund fällig, damals ein Gegenwert von knapp 46.000,– DM. Dennoch schienen die Briten nicht mit dem japanischen Roadster zu fremdeln, denn selbst zu mindestens diesem Einstandspreis ließen sich in den gut drei Monaten von der Einführung bis zum Jahresende 1990 mehr als 2200 Fahrzeuge absetzen. Eine marketingtechnische Flankierung stellte auf der Insel noch der für Amateurrennfahrer eingerichtete Markenpokal MX-5 UK Cup dar, der die sportlichen Talente des Wagens einmal mehr unter Beweis stellen sollte. Auch ohne ein solches Spektakel war die Verkaufsquote in Deutschland allerdings genauso hoch wie in Großbritannien, denn von Mai bis Ende 1990 waren über 4700 Neuzulassungen zu verzeichnen. Auf anderen Zielmärkten löste die Ankunft des MX-5 weniger Euphorie aus. Überraschend

Dass der MX-5 auch im eher traditionalistisch gesonnenen Vereinigten Königreich, dem unbestrittenen Roadster-Mutterland, trotz hoher dortiger Einstandspreise und seiner Herkunft freundlich aufgenommen wurde, zeugte von seinen besonderen Qualitäten.

war etwa das vergleichsweise schlechte Abschneiden in Australien, wo die Rahmenbedingungen ähnlich günstig schienen wie in den USA, und wo es eine größere Nähe zu allem Japanischen gab. Im kompletten Jahr 1990 – Australien und Neuseeland gehörten ja zu den ersten Exportländern – konnten lediglich 1446 Exemplare ausgeliefert werden. Im Rest von Europa traf der kompakte Roadster ebenfalls auf eher zögerlichen Kundenzuspruch. Zeigte die kaufkräftige Schweiz mit fast 700 Fahrzeugen noch ein recht erfreuliches Ergebnis, waren die 440 in Italien verkauften MX-5, ganz zu schweigen von den 228 in Frankreich neu zugelassenen, schon frustrierend zu nennen.

Wer allerdings im Mazda-Hauptquartier in Hiroshima das Gesamtbild des Jahres 1990 betrachtete, konnte tiefenentspannt bleiben: Während sich Europa in puncto Absatzzahlen mit gut 10.000 Fahrzeugen einigermaßen achtbar geschlagen hatte, wurden in Nordamerika, das heißt den USA und Kanada, mit fast 40.000 und in Japan mit über 25.000 Exemplaren Verkaufsrekorde erzielt, die sich bis zur Jahrtausendwende mit Abstand nicht mehr wiederholen ließen. Weltweit waren im gleichen Zeitraum insgesamt über 76.500 MX-5 an ihre Besitzer ausgeliefert worden – auch das ein Allzeitrekord. Die für arg optimistisch gehaltenen anfänglichen Prognosen von alles in allem etwa 40.000 verkauften Fahrzeugen pro Jahr waren damit, zumindest für die erste Zeit der Marktpräsenz, tatsächlich zur Makulatur geworden.

1991

Erste Sondermodelle

In technischer Hinsicht blieb beim MX-5, der in Japan inzwischen die interne Zusatzbezeichnung NA verpasst bekommen hatte, vorerst alles beim Alten – zumindest was die Fahrzeuge für den deutschen Markt anging. In den USA dagegen erschien jetzt, neben einem etwas angehobenen Verkaufspreis, auch das ABS regulär auf der Sonderausstattungsliste. Um das Interesse am

Im Mazda Hauptquartier in Hiroshima dürfte man beglückt vom Marktstart des MX-5 gewesen sein. Eines der frühesten Sonderausstattungspakete für die japanische Kundschaft hieß »Limited« und umfasste, neben anderen Feinheiten, unter anderem ein hölzernes Nardi-Lenkrad.

Die ebenfalls 1990 in Japan angebotene »V Special«-Ausführung brachte klassischen britischen Roadster-Stil auf den Punkt – mit dunkelgrüner Lackierung und beigefarbener Lederausstattung. Darüber hinaus gab es eine Fülle weiterer Extras serienmäßig.

neuen Roadster mindestens aufrechtzuerhalten, wenn nicht sogar noch zu steigern, hatte man in Hiroshima auf dem heimischen Markt bereits kurz nach der Einführung des Eunos Roadster damit begonnen, Sondermodelle zu kreieren, die mit einem speziell zusammengestellten Ausstattungspaket aufwarteten. Den Anfang hatte dort im Sommer des Vorjahres der »V Special« gemacht, der in einem an das klassische »British Racing Green« erinnernden Grünton lackiert war, beigefarbene Ledersitze, elektrische Fensterheber, verchromte Einstiegsleisten, CD-Player und als Highlight ein originales Nardi-Lenkrad mit hölzernem Kranz sowie einen dazu passenden Schaltknauf aufwies. In den USA und Kanada hieß dieses Sondermodell in nahezu unveränderter Spezifikation »Special Edition«, und in Deutschland, wie in anderen europäischen Ländern, kam es ab März 1991 als »Limited

Edition« auf den Markt. Letzteres war nicht nur eine neugierig machende Zusatzbezeichnung: Tatsächlich wurde hierzulande die Verfügbarkeit auf 500 Fahrzeuge begrenzt, die übrigens alle mit serienmäßigem ABS ausgestattet waren. Auf dem Preisschild der »Limited Edition«-Modelle wirkte sich das ebenso attraktive wie stilsichere Ausstattungspaket allerdings recht heftig aus. Wer eines dieser speziell ausstaffierten Fahrzeuge ergattern wollte, musste 41.250,– DM auf den Tisch des Vertragshändlers blättern.

Die Zielvorgabe zu erreichen, die hohen Verkaufszahlen so gut es geht zu halten und damit dem branchenüblichen Trend abflachender Absatzkurven entgegenzuwirken, erfüllten die ersten Sondermodelle mit Bravour. Nicht nur in Deutschland fanden sie, trotz der hohen Einstandspreise, reißenden Absatz. Manche Länderimporteure, die ihre Märkte natürlich besonders gut kannten, machten sich von nun an daran, nicht auf Japan zu warten, sondern eigene Sondermodelle individuell zusammenzustellen und zu vermarkten. Besonders aktiv zeigten sich hier die Briten, die neben der etwas anders konfigurierten und auf nur 250 Exemplare begrenzten »Limited Edition« auch eine MX-5 »Le Mans« genannte Sonderserie herausbrachten, die an den im Juni des Jahres errungenen Erfolg eines Wankelmotorisierten Mazda-Prototyps beim legendären 24-Stunden-Rennen erinnern sollte.

Das nur auf dem britischen Markt angebotene Sondermodell »Le Mans« feierte den ersten Sieg eines Mazda – dazu noch eines Wankelmotorisierten – beim legendären 24-Stunden-Klassiker in Frankreich.

Während es in den USA insgesamt gelang, fast so viele Neukunden vom Kauf eines MX-5 zu überzeugen wie im Vorjahr – statt knapp 40.000 nun immer noch bemerkenswerte gut 34.000 – konnte das Absatzniveau in Europa, wo die Welle nun endgültig ins Rollen kam, gegenüber dem Vorjahr noch um über 40 %

Ab Frühjahr 1991 konnte man auch in Deutschland das ebenso hübsche wie gut ausgestattete »Limited Edition«-Modell erwerben – wenn man schnell genug war, denn die 250 verfügbaren Exemplare waren im Nu vergriffen. Überlebende Fahrzeuge sind heutzutage sammelwürdige Raritäten.

gesteigert werden. An der Spitze der Bewegung etablierte sich der deutsche Markt, wo die Verkäufe massiv von rund 4700 auf mehr als 7100 Exemplare zunahmen. Während die Briten etwas schwächelten und knapp unter die 2000er-Marke zurückfielen, entdeckten auch Italien und vor allem Frankreich die offensichtlichen Qualitäten des kompakten Roadsters. Im Vergleich zu Deutschland waren die Stückzahlen immer noch minimal, aber zumindest Frankreich, nicht gerade ein Land ausgemachter Cabrio-Liebhaber, näherte sich mit einer Vervierfachung der Verkäufe rasant der 1000er-Schwelle. So kompensierten die Steigerungen in Europa die leichten Verluste in Nordamerika, nicht aber die in Japan und Australien. Auf dem Heimmarkt war zwar nur ein Rückgang um etwa 10 % auf rund 22.500 Fahrzeuge zu verzeichnen, in Australien halbierten sich aber die – ohnehin schwachen – Verkäufe auf nur noch knapp 700 Exemplare. In Summe konnten aber nach wie vor über 70.000 MX-5 weltweit ausgeliefert werden. Die besonders für einen solchen Wagen nicht beliebig vermehrbare Zielgruppe konnte also noch weiter durchdrungen werden. Nach allen Regeln der Branche war es aber nur eine Frage der Zeit, bis die Zahlen deutlich nach unten zeigten.

1992
Der Hype ebbt ab

Im neuen Jahr konzentrierte man sich in Hiroshima auf eine weitere Konsolidierung der Baureihe. So wurde die Palette lieferbarer Lackfarben vergrößert und das Spiel mit den Sonderausführungen fortgesetzt, von denen aber nicht alle in ihrer Auflage limitiert waren. Stattdessen wurden bestimmte Ausstattungsmerkmale mitunter an bestimmte Karosseriefarben gekoppelt. Technische Modifikationen gab es kaum. Neben einer neuen fernbedienbaren Tankdeckelentriegelung war eine leicht verstärkte Hinterachse die einzig nennenswerte Neuerung. Bei Letzterer, die US-Modelle hatten schon im Jahr zuvor davon profitiert, hatte man beidseitig die Drehpunkte der unteren Hinterachsquerlenker durch ein Verstärkungsblech miteinander verbunden, um ein noch präziseres Fahrverhalten zu erreichen.

Mazda UK bot mit der Edition »Special Equipment« das nächste individuell auf den britischen Markt zugeschnittene Sondermodell an. Es war besonders reichhaltig ausgestattet und

Die japanische »S Special«-Version von 1992 war mit 6-Zoll-Kreuzspeichenfelgen von BBS, einem üppig dimensionierten Heckflügel und einem Lederlenkrad von Nardi besonders sportlich ausstaffiert.

fiel vor allem durch seine 10-Speichen-Leichtmetallfelgen im Format 7 x 15 Zoll auf. Auch in Japan setzte man weiter auf diese Methode, das Publikumsinteresse am dortigen Eunos Roadster wachzuhalten. Im Juli präsentierte man die Sonderserie »S Special«, der im Dezember die Serie »S Limited« folgte. Beide spielten technisch und optisch das Thema Sportlichkeit und warteten unter anderem mit einer strafferen Feder-/Dämpferabstimmung, 6 x 14 Zoll messenden Kreuzspeichenfelgen von BBS mit 185/60er-

Ebenfalls schwarz lackiert und mit den BBS-Felgen versehen, ergänzten zum Jahresende die »S Limited«-Modelle mit roter Lederausstattung die japanische Eunos Roadster-Palette.

Bereifung sowie einem Heckspoiler auf. Die »S Limited«-Modelle waren stets schwarz lackiert, hatten eine rote Innenausstattung und goldfarben lackierte Kreuzspeichen an den BBS-Felgen.

Auf dem deutschen Markt hielt man sich derweil nicht mit Sondermodellen auf. Stattdessen versuchte man, dem Publikum die Vorzüge des MX-5 in puncto Produktqualität näherzubringen. Tatsächlich wandelte der japanische Roadster hier allein auf weiter Flur. Der einzige echte Konkurrent, der klassische Alfa Spider der Baureihe 115, konnte nicht mit der bis ins Kleinste ausgefeilten japanischen Fertigungsgüte mithalten. Allerdings war der Klassiker aus Mailand auch längst aus der Zeit gefallen und befand sich sozusagen in der vorletzten Runde, bevor seine Produktion im Folgejahr eingestellt wurde. Eindrucksvoll bewies ein vom Fachmagazin »auto motor und sport« durchgeführter Langstreckentest, dass der MX-5 nicht nur ein hochrangiges Spaßmobil war, sondern als solches auch die hohen Qualitätsstandards der japanischen Großserie verkörperte. Außer Kleinigkeiten und dem allfälligen Austausch von Verschleißteilen waren während der in anderthalb Jahren heruntergeschrubbten 100.000 Testkilometer keine ernsthaften Beanstandungen zu vermelden gewesen. Den MX-5 konnte man also mit Fug und Recht als in jeder Hinsicht alltagstauglich, robust und zuverlässig bezeichnen – bei dieser Fahrzeuggattung seinerzeit noch nichts Selbstverständliches.

Das konnte aber nicht darüber hinwegtäuschen, dass sozusagen die Flitterwochen für die erste Generation des Roadsters nun vorbei waren. Flankiert von Problemen der Weltwirtschaft und ungünstigen Währungsparitäten für den japanischen Yen, zeigte der MX-5-Markt erste Sättigungstendenzen. Die jährlichen Verkaufszahlen gingen bis auf Weiteres in einen ziemlich steilen Sinkflug über: Statt über 70.000 weltweiten Auslieferungen standen Ende 1992 nur noch knapp 55.000 zu Buche – unter den gegebenen Umständen nicht wirklich ein Alarmzeichen, aber ein Signal, dass in nicht allzu ferner Zukunft, wie branchenüblich, eine erste umfassende Überarbeitung angesagt war, wollte man die Baureihe weiter so erfolgreich fortführen.

Im Vergleich zu anderen Märkten, behandelte die deutsche Mazda Dependance in Leverkusen das Thema der Vermarktung von Sonder- bzw. Editionsmodellen anfangs mit großer Zurückhaltung.

1993
Kaum Neues und schlechte Zahlen

Für das neue Jahr beließ man es vorerst jedoch bei Detailmodifikationen, wie einem etwas komfortabler abgestimmten Fahrwerk, das ebenso wie ein serienmäßiges Cassettenradio und in ihren jeweiligen Umfängen anders zugeschnittene Ausstattungspakete zunächst auf dem Kernmarkt Nordamerika eingeführt wurden. Auch mit der stets beliebten Lancierung von Sondermodellen machte man unbeirrt weiter: Mitte des Jahres gab es für amerikanische MX-5-Kunden den Miata »Limited Edition«, der nichts anderes war als der in Japan angebotene »S Limited«. Schwarz lackiert, mit kontrastierender roter Innenausstattung samt ebenfalls roter Persenning sowie 14-Zoll-BBS-Kreuzspeichenfelgen mit 185/60er-Bereifung versehen, waren die Editionsmodelle kleine, luxuriös und stilvoll ausstaffierte Schatzkästlein. Zum Umfang gehörten unter anderem eine Klimaanlage, Lederlenkrad und Lederschaltknauf von Nardi, ein Tempomat, elektrisch verstellbare Außenspiegel, elektrische Fensterheber, Einstiegsleisten und Lautsprechergitter aus Edelstahl sowie rote Fußmatten. Ein betont straffes Sportfahrwerk mit Bilstein-Dämpfern sowie Front- und Heckspoiler komplettierten den Auftritt. Limitiert war die Auflage dieser Modelle tatsächlich: auf 1500 Exemplare. Die Käufer mussten sich allerdings darüber im Klaren sein, dass die anfänglichen 940 Kilogramm als Fahrzeuggewicht für einen Serien-Miata-MX-5 unter diesen Umständen nicht zu halten waren.

Dass der kompakte Roadster mit seinen konzeptionellen Anlagen dank geeigneter Veranstaltungsformate auch im US-amerikanischen Amateur- bzw. Clubrennsport ein Betätigungsfeld finden würde, lag von Beginn an auf der Hand. Der Sports Car Club of America (SCCA) bot hier mit der sehr seriennahen Klasse »Showroom Stock C« eine bestens geeignete Plattform. Tatsächlich dominierte der MX-5 ab 1992 die Starterfelder und holte sich in diesem Jahr wie auch 1993 den Titel.

Dass die weltweiten Verkaufszahlen eines solchen Nischenfahrzeugs unter den gegebenen Umständen weiterhin markant nach unten zeigten, war zwar nicht erfreulich, aber auch verständlich. Immerhin konnten in den USA, als bedeutendstem Markt, und in Kanada insgesamt noch rund 23.000 Exemplare abgesetzt werden. Angesichts der seit einiger Zeit im Gange befindlichen Einführung der neuen, hoch attraktiven dritten RX-7-Generation, die vor allem dort die ganze Aufmerksamkeit auf sich zog, war das ein durchaus respektables Ergebnis. In Europa musste dagegen im Vergleich zum Vorjahr eine Einbuße von etwa 30 % auf 5700 Fahrzeuge hingenommen werden. Allein auf dem deutschen Markt, wo der MX-5 in unveränderter Form angeboten wurde, verlor der Roadster mit einem Ergebnis von rund 3500 Exemplaren unterdurchschnittlich an Boden. Hier generierte er noch einigermaßen akzeptable Umsätze für Mazda: In Tat und Wahrheit nahm Deutschland allein ungefähr 60 % der in ganz Europa verkauften MX-5 auf. In keinem anderen europäischem Land, nicht einmal in Großbritannien, konnten 1993 vierstellige Absatzzahlen erreicht werden.

Die 1991 eingeführten Fahrzeuge der dritten und letzten RX-7-Generation, heute hochbezahlte und kultige Sammlerstücke, waren zu ihrer Zeit echte Hochleistungssportwagen, die, vor allem in den USA, mit ihrem turbogeladenen Kreiskolbenmotor das Markenimage von Mazda weiter polierten.

1994
Modellpflege und neuer Wettbewerber

Schon länger hatte sich abgezeichnet, dass sich eines der konzeptionellen Kernelemente des MX-5, sein niedriges Gewicht von unter 1000 Kilogramm, nicht auf ewig würde beibehalten lassen. Schon die zahlreichen, üppig ausstaffierten Editionsmodelle, die speziell in Japan, den USA und Großbritannien auf den Markt gekommen waren, hatten schnell einmal die magische 1-Tonnen-Grenze überschritten. Nun kam hinzu, dass auf breiter Front auch Aspekte der passiven Sicherheit, die Fahrzeuge ohne festes Dach in besonderer Weise herausforderte, immer stärker zum Tragen kamen. Es war unvermeidlich, dass sich dies negativ auf das Fahrzeuggewicht auswirken und damit die erreichbaren Fahrleistungen wie das bisher so agile Handling tangieren würde.

Da es im fünften Jahr erfolgreicher Marktpräsenz und im Zeichen auf vielerlei Ebenen größer werdender Herausforderungen ohnehin an der Zeit war, den Roadster einer Modernisierung zu unterziehen, arbeiteten der neue Projektleiter Shiro Yoshioka und sein Team für das 1994er-Modelljahr an einem Maßnahmenpaket, das weit tiefgehender war als die sonst in einem solchen Fall üblichen optischen Retuschen – intern wurde den neuen Fahrzeugen sogar die veränderte Baureihenbezeichnung NA2 zugeteilt. Tatsächlich waren die Neuerungen am wenigsten von außen zu erkennen, da musste man als Betrachter schon ganz genau hinschauen und sich ziemlich gut in der MX-5-Welt auskennen. Wer das tat, identifizierte zum Beispiel die hinteren, in Wagenfarbe gehaltenen, mäßig hübschen Schmutzfänger aus Hartkunststoff als neu, die auf 6 Zoll verbreiterten, deutlich hübscheren Leichtmetallfelgen oder im Innenraum die leicht umgestaltete Armaturentafel, die modifizierten Sitze mit höhenverstellbaren Kopfstützen und die flexiblen Türtaschen, denen die bisherigen Armlehnen hatten weichen müssen – Letzteres eine eher fragwürdige Verbesserung.

Das Wesentliche hatte sich aber unter dem Blech getan. Da gab es zum Beispiel im Front- und Heckbereich des Chassis sogenannte »performance rods«, die ebenso eine höhere Torsionssteifigkeit des Fahrzeugkörpers bewirken sollten, wie eine im Cockpitbereich platzierte zusätzliche Querverstrebung. Für einen besseren Seitenaufprallschutz sorgten zusätzliche Blechprofile im Inneren der beiden Türen. In puncto aktiver Sicherheit hielten auch deutlich vergrößerte Bremsscheiben Einzug: Ihr Durchmesser betrug nun vorne 255 statt zuvor 235 mm und hinten 251 statt 231 mm. Auf Wunsch war auch ein Torsen-Sperrdifferenzial erhältlich, das wesentlich weicher und berechenbarer agierte als das bisherige traditioneller Bauart. Während das 5-Gang-Getriebe

Von außen waren die 1994 modellgepflegten MX-5 unter anderem an neuen, größer dimensionierten Leichtmetallfelgen und den hässlichen Plastikschmutzfängern an den hinteren Radläufen zu erkennen. Innen zogen neue Sitze und Türverkleidungen ein.

Dem hubraumstärkeren und leistungsfähigeren Antriebsaggregat der Faceliftmodelle angepasst wurden chassisseitig vor allem die Scheibenbremsen, deren Durchmesser rundum vergrößert worden war.

unangetastet blieb, hatten die Entwickler aber den Achsantrieb von 4,3:1 auf 4,1:1 verlängert.

Die genannten Maßnahmen dienten zwar einer Verbesserung der strukturellen wie der Fahrsicherheit, vor allem aber dem zentralen Punkt der Modellpflege: dem neuen, deutlich leistungsfähigeren Antriebsaggregat, das ab dem 1994er-Jahrgang serienmäßig im MX-5 zum Einsatz kam. Das bisherige 1,6-Liter-Triebwerk hatte in den vergangenen fünf Jahren sein Bestes getan und war in jeder Hinsicht eine erfreuliche Motorisierung gewesen, aber es hatte auch kein Zweifel daran bestanden, dass der kleinvolumige Vierzylinder nicht gerade vor Kraft strotzte und der MX-5 damit eigentlich ziemlich untermotorisiert war. Die Mazda-Ingenieure hatten das natürlich wahrgenommen und sahen sich vor die Herausforderung gestellt, im gut gefüllten Komponentenbaukasten des Hauses ein Antriebsaggregat zu finden, das einerseits mehr Leistung und Durchzugskraft, sprich: mehr Souveränität im Umgang mit dem zu erwartenden höheren Fahrzeuggewicht, bereitstellte, andererseits aber möglichst wenig Mehrgewicht und im Idealfall keinen höheren Kraftstoffverbrauch mit sich brachte.

Einfach bildschön: Mit den im Rahmen der Überarbeitung neu designten, nun 6 Zoll breiten Leichtmetallrädern gewann das äußere Erscheinungsbild der ersten MX-5-Generation noch weiter an Attraktivität.

Manche vor allem in Japan angebotenen Sondermodelle, speziell solche mit dem neuen 1840-cm³-Triebwerk, kamen in den Genuss einer vorderen Domstrebe (links) aus Rohrmaterial. Diese diente zur Stabilisierung des Vorderwagens, was zu einem noch präziseren Fahrverhalten führte.

Lange suchen musste man natürlich nicht und griff zu jenem Triebwerk, das auf dem deutschen Markt unter anderem in bestimmten Modellen der beliebten Kompaktwagen-Baureihe 323 zum Einsatz kam. Präsentierte es sich dort auf 103 PS/76 kW und mit der 1994 eingeführten fünften Modellgeneration des 323 auf 114 PS/84 kW gedrosselt, war es im sportlichen MX-5 auf 131 PS/96 kW justiert. Die Leistungssteigerung um immerhin 16 PS/12 kW resultierte glücklicherweise nicht aus einer weiteren Drehzahlerhöhung – die bisherige Nenndrehzahl von 6500/min war seinerzeit für einen alltagstauglichen Großserien-Sportwagen schon ziemlich stattlich –, sondern aus einer nachhaltigen Hubraumerhöhung von 1598 auf 1840 cm³. Dabei führte die weniger langhubige Zylinderarchitektur des neuen Motors von 83 x 85 mm (B x H) gegenüber zuvor 78 x 83,6 mm unter Beibehaltung der Nenndrehzahl 6500/min zu einer geringeren mechanischen Belastung. Mit anderen Worten: Das knapp 1,9 Liter Hubraum messende Antriebsaggregat schüttelte die Mehrleistung ähnlich lebhaft, aber weniger angestrengt aus dem Ärmel. Das spiegelte auch die Drehmomentcharakteristik des Vierzylinders wider. Statt eines Maximums von 135 Nm bei 5500/min standen nun 152 Nm zu Buche, die bereits bei 5000/min anlagen.

Damit kompensierte das Triebwerk in puncto Fahrleistungen nicht nur die sich abzeichnende Gewichtszunahme, sondern es machte den MX-5 am Ende sogar etwas schneller. In der Höchstgeschwindigkeit – bei Roadstern bzw. Cabrios ohnehin von sekundärer Bedeutung – machte das nach Werksangabe zwar nur 2 km/h aus, statt 195 standen nun 197 km/h zu Buche, aber beim Beschleunigungssprint und der Elastizität zeigte sich der größere Motor seinem Vorgänger deutlich überlegen: 100 km/h waren aus dem Stand nun in 8,2 statt in 8,8 Sekunden erreicht, und die Zeit, um im 5. Gang von 80 auf 120 km/h zu beschleunigen, verkürzte sich von 21,0 auf 17,9 Sekunden. Das war alles sehr nützlich und praxisgerecht, wurde aber durch einen leichten Mehrverbrauch in der Größenordnung von durchschnittlich ca. 1 Liter auf 100 Kilometer erkauft.

Mit dem stärkeren Motor stellte der MX-5 der ersten Generation ein noch einmal harmonischeres Gesamtpaket dar – und wohin hatte sich nun, nach all den Verbesserungen, das Fahrzeuggewicht tatsächlich entwickelt? In den Pressemitteilungen der deutschen Mazda-Niederlassung in Leverkusen wurden für die modellgepflegte Version 990 Kilogramm ausgewiesen. Da war man gerade noch einmal unterhalb der magischen 1-Tonnen-Grenze geblieben ... Wer aber die hierzulande als Extra angebotenen Ausstattungsmerkmale ABS und Fahrerairbag orderte, dürfte diese Linie wohl überschritten haben.

Vor allem auf dem heimischen und dem wichtigsten Exportmarkt Nordamerika setzte Mazda auch beim überarbeiteten MX-5 seine bewährte Sondermodell-Strategie fort. In Japan

Besonders exklusiv kam das 1994 auf dem heimischen Markt lancierte Sondermodell Eunos Roadster »Tokyo Edition« daher. Auf nur 40 Fahrzeuge limitiert, gab es erstmals ein beigefarbenes Verdeck, das durch eine ebenfalls in Beige gehaltene Innenausstattung ergänzt wurde. Ebenfalls an Bord waren chromglänzend ausgeführte Leichtmetallfelgen und nahezu alle Extras, die die Aufpreisliste hergab.

weiterhin unter dem Markennamen Eunos angeboten, war der Neue mit den jeweils speziell zusammengestellten Ausstattungspaketen »Special Package« »V-Special«, »V-Special II«, »S-Special« und »J Limited II« zu haben. Als Krönung gab es das nur in vierzig Exemplaren hergestellte Editionsmodell »Tokyo Limited«, schwarz lackiert, mit beigefarbenem Dach, ebensolcher Lederausstattung und zahlreichen exklusiven Details versehen.

In den USA blieben mit der Einführung des größeren und dem Wegfall des bisherigen kleineren Motors die unterschiedlich zugeschnittenen Zusatzausstattungspakete »A« und »B« erhalten. Doch waren im Februar 1994 auf dem Mazda-Stand bei der Chicago Auto Show zwei neue MX-5-Sondermodelle zu sehen: »M Edition« und »R Package«. Ersteres verstand sich als eher komfortabel ausgestattete Variante, die mit Servolenkung, Klimaanlage, Zentralverriegelung sowie elektrischen Fensterhebern und Außenspiegeln prompt 1075 kg auf die Waage brachte, während Letzteres die Sportlichkeit betonte und auf solche Luxus-Goodies verzichtete.

Tatsächlich gelang es Mazda durch die in diesem Jahr am MX-5 vorgenommenen Optimierungen, den Abwärtstrend bei den weltweiten Verkaufszahlen zu stoppen, während die erfolgreich auf den entsprechenden Zielmärkten lancierten Editionsmodelle zugleich höhere Deckungsbeiträge in die Kasse spülten. In den USA konnte die Absatzzahl aus dem Vorjahr bis auf wenige Fahrzeuge wieder erreicht werden, und Japan zeigte mit fast 17.000 verkauften Exemplaren positive Signale. Lediglich Europa schwächelte weiterhin und verzeichnete noch einmal um knapp 10 % verringerte Absatzzahlen, wobei der deutsche Markt – auf dem keine Sondermodelle angeboten wurden – keine Ausnahme darstellte. Mit knapp über 5300 Fahrzeugen auf dem gesamten Kontinent wurde, was die erste MX-5-Generation betraf, die absolute Talsohle erreicht.

Nach Lage der Dinge konnte es also nur

Die gleichfalls Japan vorbehaltene Ausführung »J Limited II« präsentierte sich in auffälligem Kanariengelb und verfügte unter anderem über einen schwarzen Frontscheibenrahmen.

Der 1994 in die Serienproduktion gestartete neue Frontantriebs-Spider von Alfa Romeo fischte zwar im selben Teich wie der MX-5, war aber kein wirklicher Wettbewerber: zu groß, zu schwer, zu kontrovers gestylt.

besser werden. Allerdings zeigte sich im Herbst des Jahres auch ein erster potenzieller Konkurrent – konzeptionell und mit Blick auf die Positionierung im Markt vielleicht kein direkter, aber im überschaubaren Segment offener zweisitziger Sportwagen in bürgerlichen Preisregionen einer, der ebenfalls in einer insgesamt begrenzten Zielgruppe auf Kundenfang ging. Es handelte sich um den neuen Alfa Spider, der im Oktober auf dem Pariser Autosalon seine Weltpremiere feierte und dessen Fertigung noch 1994 anlief. Nachdem der alte Heckantrieb-Spider, der ohne wirklich tiefgreifende Modernisierungen fast dreißig Jahre überlebt hatte – zum Schluss in jeder Hinsicht nur noch ein Schatten seiner selbst –, einigermaßen würdevoll verabschiedet worden war, sollte der neue die große Tradition des Alfa Spider fortführen.

Die Konzepte, derer man sich zu diesem Zweck bediente, unterschieden sich aber grundlegend von denen, die man in Hiroshima mit dem MX-5 in die Tat umgesetzt hatte. Der neue Alfa-Sportwagen, von dem es auch eine Coupé-Variante gab, baute weder auf einer eigenständigen Plattform auf, noch kam er mit Heckantrieb, und strenge Gewichtsdisziplin hatte im Lastenheft der Konstrukteure auch keine besondere Rolle gespielt – kurz: außergewöhnlicher Fahrspaß durch hohe Wendigkeit und Agilität, wie es der MX-5 vormachte, gehörten nicht zu den Kernkompetenzen des neuen Spider. Das Resultat war eher ein ziemlich komfortables, geräumiges und mit einem Fahrzeuggewicht von mehr als 1350 Kilo einigermaßen verfettetes Salon-Cabrio für bessergestellte Kreise, denen entspanntes Cruisen in angenehmer Umgebung lieber war als genussvolle Kurvenhatz.

Auch die Motoren wiesen in diese Richtung: Dem beim Marktstart eingebauten 2,0-Liter-Sechzehnventiler mit Doppelzündung fehlte es mit seinen 150 PS/110 kW schon von Grund auf an Durchzugskraft, sodass sich der Vierzylinder mit der gewichtigen Fuhre ziemlich schwertat. Souverän agierte dagegen der ab Frühjahr 1995 erhältliche 3,0-Liter-V6, der aber stark auf der Vorderachse lastete und damit die negativen Eigenschaften eines Fronttrieblers, wie zum Beispiel träges Handling durch starke Untersteuerneigung – zumindest bei der Verwendung in einem Sportwagen –, noch stärker zur Geltung kommen ließ.

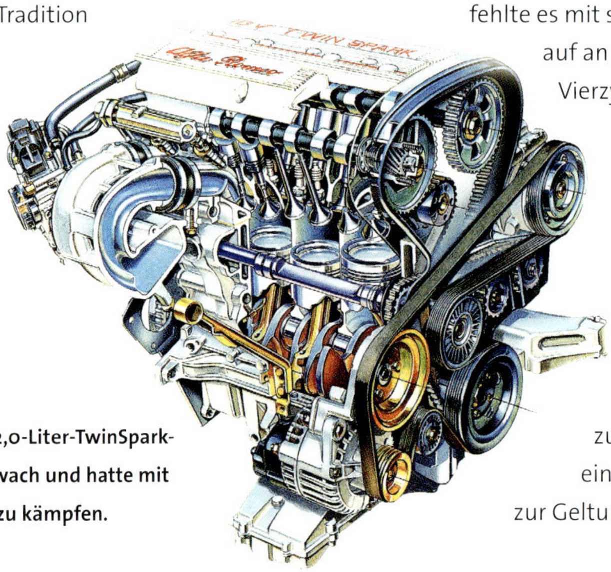

Trotz guter konstruktiver Anlagen war der 2,0-Liter-TwinSpark-Vierzylinder von Alfa Romeo durchzugsschwach und hatte mit dem stattlichen Gewicht des neuen Spider zu kämpfen.

Die Verantwortlichen bei Mazda brauchten sich also keine grundsätzlichen Sorgen zu machen, obwohl natürlich klar war, dass der Alfa ein hohes Maß an Markenprestige besaß und allein schon deshalb seine Kunden finden würde. Denen musste dann aber auch das sehr spezielle Karosseriedesign des Spider zusagen, das, im Unterschied zu seinem Vorgänger, dem Faktor Zeitlosigkeit radikal abgeschworen hatte. Ebenfalls trug zur Beruhigung bei, dass der Spider nur in Europa einen Einfluss auf das Marktgeschehen bei offenen Sportwagen haben würde, denn der schon seit längerem latent kränkelnde Fiat-Konzern hatte sich mit seinen Marken bereits 1993 aus Nordamerika zurückgezogen – hier blieb der MX-5 bzw. Miata also zunächst von direkten Konkurrenten unbehelligt. Doch das sollte sich bald ändern.

1995

Es geht wieder aufwärts, in Europa

Das Jahr war geprägt von neuen Initiativen an mehreren Fronten und zeigte in puncto Absatzzahlen wieder deutlich nach oben – obwohl sich schon zu Beginn abzeichnete, dass für den MX-5, zumindest in Europa, die Jahre ohne echte Wettbewerber unwiderruflich vorbei waren. Neben den neuen Alfa Spider, der in sein erstes volles Produktionsjahr ging und vom Zielpublikum mit gebremster Begeisterung aufgenommen wurde, trat nun auch der Fiat Barchetta. Im Markt unterhalb des Alfa positioniert, konnte das optisch ebenfalls etwas eigenwillige »Bötchen« als tatsächliche Herausforderung für den Mazda verstanden werden. Allerdings hatte Fiat – aus bekannten Gründen – hier auf die Frontantriebsplattform der ersten Uno-Generation zurückgegriffen, die fahrwerkseitig über keine wirklich sportlichen Gene verfügte. Die Motorisierung mit einem 131 PS/96 kW leistenden 1,8-Liter-Vierventiler bewegte sich immerhin ziemlich genau im MX-5-Fenster, aber Frontantrieb und ein Fahrzeuggewicht von 1135 Kilogramm ließen den Fiat im direkten Fahrvergleich, auch wenn seine puren Fahrleistungen denen des Mazda mindestens ebenbürtig waren, eher blass aussehen.

Man darf vermuten, dass bei den Verantwortlichen in Hiroshima die aggressive Preispolitik, die der Turiner Konzern auf dem in Europa bei weitem wichtigsten Absatzmarkt Deutschland einschlug, nicht gut ankam: Mit ziemlich umfangreicher Ausstattung versehen, stand der kleine Roadster mit zunächst 36.800,– DM in der Preisliste. Zum Vergleich: Der MX-5 1.9 wurde zur gleichen Zeit mit knapp über 40.000,– DM berechnet. Da spielte es für manche Kunden und vor allem Kundinnen keine Rolle mehr, dass der Mazda in puncto Fahrdynamik und – nicht zu vergessen: Produktqualität – in einer anderen Liga unterwegs war. Überhaupt: Es dauerte nicht lange, bis der Fiat, vor allem aufgrund seines Äußeren, in die Schublade »Mädchenauto« gesteckt wurde – was heutzutage hochverdächtig erscheint,

Der 1995 eingeführte Fiat Barchetta, der zweite Versuch des Turiner Konzerns, am sich abzeichnenden Cabrio-Boom teilzuhaben, hatte schon eher die Kragenweite des MX-5.

Der Wagen, ebenfalls ein Fronttriebler, kam außen wie innen einigermaßen hübsch daher, wirkte auf das überwiegend männliche Roadsterpublikum in seiner Stilistik aber zu feminin.

kam Mitte der 1990er-Jahre in der Männerwelt der Roadsterfahrer schon fast einem Todesurteil gleich …

Mazda jedenfalls setzte dieser offenen Herausforderung in Europa prompt etwas entgegen. In unmittelbarer Nähe zur Einführung des Fiat Barchetta nahm man eine abgespeckte Version des MX-5 ins Programm auf. Für einen in Deutschland verlangten Einstandspreis von 36.950,– DM gab es nur Stahlfelgen, und auch irgendwelche Komfortgoodies suchte man vergebens, aber den größten Einschnitt stellte zweifellos die Rückkehr des alten 1,6-Liter-Triebwerks dar. Das war an sich keine schlechte Nachricht, aber unter der Haube werkelten nicht mehr die bekannten 115 PS/85 kW, sondern nur noch dürre 90 PS/66 kW, die nicht nur in Deutschlang günstiger zu versichern waren. Gleichwohl wirkte der sonst so lebhafte Vierzylinder wie zugeschnürt, war aber nach Euro 2 zertifiziert, was die Mehrzahl der Kunden allerdings nicht daran hinderte, sich dennoch für den 1,9-Liter zu entscheiden.

Offenbar hatte man nun auch in Leverkusen verstanden, dass man in einem sich verändernden Konkurrenzumfeld ein bisschen mehr tun musste, wollte man die exzellente Marktposition des MX-5 auch künftig halten. So wurde inzwischen ein Beifahrer-Airbag als Extra angeboten, und die 1,9-Liter-Modelle bekamen

Auf ein sich auch in Deutschland dynamisch veränderndes Wettbewerbsumfeld reagierte Mazda mit der Einführung eines preiswerteren Einstiegsmodells. Mit Magerausstattung und dem alten, auf 90 PS/66 kW gedrosselten 1,6-Liter-Triebwerk sollte der offensiven Preispolitik neuer Konkurrenten etwas entgegengesetzt werden. Der Erfolg dieser Maßnahme war mäßig, und am Ende erwies sie sich als völlig unnötig.

Einziger augenfälliger Unterschied zu einem frühen MX-5-Exemplar war beim Blick auf das Cockpit dieses 1995er-Modells das klobige Vierspeichen-Airbag-Lenkrad mit großflächiger Prallplatte. Der darunter verborgene Luftsack stand, wie der Beifahrerairbag, vorerst noch in der Aufpreisliste.

serienmäßig ein ABS verpasst. Man traute sich auch, ein zweites Sondermodell für den deutschen Markt zu kreieren. Es kam im Frühjahr, hieß »Sunracer« und kostete 39.190,– DM. Wie es der Name schon nahelegte, war der Sunracer in der Sonderfarbe »Speed Yellow« lackiert – wobei »Speed« ein wenig übertrieben schien, denn er war nur mit dem 90 PS/66 kW-Motor zu haben. Darüber hinaus zeigte er sich aber üppig ausgestattet, mit speziellen Sportsitzen, Servolenkung, elektrischen Fensterhebern, ABS sowie Fahrer- und Beifahrerairbag. Rund 400 dieser Fahrzeuge wurden in Deutschland verkauft.

Auch in Nordamerika und Japan wurden 1995 weitere Editionsmodelle angeboten. Highlight für den US-Markt war im Sommer die Präsentation des Miata M Edition, der in sportlich-edlem Outfit daherkam. Merkmale waren unter anderem eine Sonderlackierung in Dunkelrotmetallic (Originalbezeichnung: Merlot Mica), eine beigefarbene Innenausstattung mit speziellen Ledersitzen, eine Klimaanlage, CD-Player und zahlreiche Details mit dem »M Edition«-Signet. In puncto Technik waren ABS, Sperrdifferenzial und vor allem polierte 6 x 15-Zoll-Kreuzspeichenfelgen von BBS an Bord, die für eine spektakuläre Schärfung der Optik sorgten. Aus der schieren, immer unübersichtlicher werden

Gut ausgestattet, aber nur mit dem 90 PS/66 kW-Motor versehen, war das in Deutschland angebotene Sondermodell »Sunracer« auf 400 Fahrzeuge limitiert.

Fülle von Sondermodellen auf dem japanischen Heimmarkt stachen unter anderem die jeweils in limitierter Stückzahl aufgelegten Versionen »G Limited«, »R Limited« und »RS Limited« heraus, die sich beispielsweise durch eine exklusive Farbwahl

Ein ernster Wettbewerber, zumindest auf dem britischen Markt, erwuchs dem MX-5 durch den ähnlich positionierten MG F.

Sehr ansehnlich, wenn auch im Zuschnitt etwas weniger sportlich als der eines MX-5, präsentierte sich der Innenraum des MG F.

außen und innen, besondere Leichtmetallfelgen und betont sportliche Ausstattungselemente wie Recaro-Schalensitze und Sportlenkräder italienischer Edelhersteller wie Nardi oder Momo auszeichneten.

Während diese Verkaufsförderungsmaßnahmen in den USA zumindest dazu beitrugen, die Verkaufszahlen halbwegs zu stabilisieren, blieben solche Anstrengungen in Japan, wo das Publikum kürzere Modellzyklen gewohnt war und inzwischen schon leicht ungeduldig auf die zweite Generation des Roadsters wartete, fruchtlos: Der Jahresabsatz brach um rund 30 % ein.

Ganz anders dagegen präsentierte sich die Situation in Europa, wo die starken MX-5-Märkte wieder deutlich zulegten. In Deutschland gab es ein Plus von etwa 20 % zu vermelden, und in Großbritannien verdoppelten sich die Absatzzahlen gegenüber

1995 buhlten in Japan Editionsversionen wie »R Limited« (links) und »RS Limited« (rechts) um die immer stärker schwindende Käuferschaft. Selbst hoch dotierte Ausstattungsumfänge vermochten den dramatischen Absatzschwund aber nicht zu stoppen.

dem Vorjahr gleich einmal. Diese positive Entwicklung war insofern überraschend, als sich die Wettbewerbssituation für den MX-5 bis zum Jahresende noch dramatisch verschärfte. Verantwortlich dafür waren zwei Neuvorstellungen auf dem Cabrio- bzw. Roadstermarkt, die man von Seiten der Verantwortlichen bei Mazda bei weitem ernster zu nehmen hatte als die Versuche des Fiat-Konzerns. So war im Mutterland solcher Autos, Großbritannien, bereits im März der MG F enthüllt worden, der ab September in die Verkaufsräume rollte und in konzeptionell-technischer Hinsicht, verglichen mit dem Mazda, ganz und gar nichts anbrennen ließ – im Gegenteil: Mittelmotor und damit Heckantrieb, Doppelquerlenker-Fahrwerk mit Hydragas-Dämpfern, kompaktes Format und ein Gewicht von unter 1100 Kilo waren eine starke Ansage, ganz abgesehen vom traditionsreichen Markennamen. Die Reaktionen des stets enthusiastischen britischen Publikums waren natürlich begeistert, aber auch erste Tests in Fachmagazinen zeigten sich angetan vom neuen MG Sportwagen. Zwar war der langhubige 1,8-Liter-Vierzylinder mit seinen 120 PS/88 kW von etwas behäbigem Charakter, das Fahrwerk manchen etwas zu komfortabel, das Verdeck in der Bedienung zu fummelig und die Verarbeitungsqualität alles andere als auf japanischem Niveau, aber allenthalben wurde dem MG F ein hoher Fahrspaßfaktor zugebilligt. Dazu kamen moderate Preise für die exklusive Mittelmotortechnik: In Deutschland berechnete die – seit 1994 in BMW-Besitz befindliche – Rover Group 39.500,– DM für einen MG F in Grundausführung, das heißt ohne ABS und Servolenkung. Dieses Gesamtpaket machte den britischen Roadster auf dem heimischen Markt von Beginn an zum absoluten Bestseller seiner Kategorie, und auch sonst in Europa waren die Verkaufszahlen ansehnlich – auf dem US-Markt wurde der MG mangels eines Händlernetzes gar nicht erst angeboten.

Aber nicht nur der MG bereicherte ab Herbst 1995 das Roadster-Segment, es rückte ein Fahrzeug ins Blickfeld, das zu dieser Zeit bereits munter über Kinoleinwände flimmerte, bevor es im Frühjahr 1996 überhaupt offiziell eingeführt wurde: der BMW Z3. Dieser weltweite Promotion-Coup in Verbindung mit dem damals neuen James-Bond-Film »Golden Eye« machte unmissverständlich klar, dass zeitnah ein wirklich harter Konkurrent antreten würde, der zudem über einen ganz anderen industriellen Hintergrund verfügte als der Brite oder die Italiener. Der wirtschaftlich kerngesunde Münchener Hersteller wollte selbst vom immer stärker werdenden, maßgeblich vom MX-5 ausgelösten Cabrioboom profitieren und schickte ein Fahrzeug ins Rennen, das auch auf dem nordamerikanischen Markt verkauft und damit vor Ort der erste direkte Konkurrent des Mazda werden sollte. Nicht zuletzt vor diesem Hintergrund hatte BMW in Spartanburg im US-Bundesstaat South Carolina eine neue Produktionsstätte gebaut und 1994 eröffnet, in der der Z3 in einer Art Pilotproduktion bereits seit dem Frühjahr 1995 zunächst parallel zur 3er-Reihe vom Band rollte.

Das technische Konzept des Roadsters, Frontmotor und Heckantrieb, entsprach klassischer BMW-Praxis, und auch sonst war die Auslegung ziemlich konventionell. Basierend auf der verkürzten Bodengruppe der 3er-Compact-Baureihe und auch mit deren Vorder- und Hinterachse ausgestattet, stammten zahlreiche Technikkomponenten aus dem bewährten 3er-Baukasten. Als Antriebsaggregate fungierten zu Beginn zwei Vierzylinder: ein 1,8-Liter Zweiventiler mit 115 PS/85 kW und ein 1,9-Liter-Vierventiler mit 140 PS/103 kW – damit lag der Z3 jeweils etwas oberhalb der beiden MX-5-Versionen. Das tat er allerdings auch in Sachen Gewicht. Mit einer Werksangabe von 1225 Kilo brachte er über 200 Kilo mehr auf die Waage als die beiden Japaner, was ihn im Vergleich einiges an Agilität kostete. Pure Roadster-Fahrdynamik war ohnehin weniger sein Ding; er punktete bei den Testern eher durch hohe Alltagstauglichkeit und sein harmonisches Wesen, mit dem er eine breite Interessentengruppe ansprach. Preislich

Konzeptionell eigentlich ein Konkurrent – vor allem auf dem US-Markt –, aber aus mehreren Gründen doch kein direkter: der 1995 kurz vor der Markteinführung stehende BMW Z3 Roadster.

Der in den USA vom Band laufende Münchener war schwerer, weniger fahraktiv und teurer als der MX-5. Aber seine markentypisch solide Ausführung und mehr Komfort zogen zahlreiche Käufer an.

verlangten die Münchener, wie üblich, einen gewissen Premiumaufschlag, obwohl der anfangs mit Blick auf die zunächst wenig überzeugende Fertigungsqualität aus dem US-Werk nicht gerechtfertigt war. Die Einstiegsversion mit 115 PS/85 kW wurde mit 44.500,– DM berechnet.

Am Ende dieses spannenden und für Mazda herausfordernden Jahres 1995 war jedenfalls eines zu konstatieren: Weder der brandneue MG F noch der kurz vor der Einführung stehende BMW Z3 und schon gar nicht Alfa Spider und Fiat Barchetta boten ein Gesamtpaket, das dem des MX-5 auch nur nahekam. Dessen Mix aus kompakten Dimensionen, niedrigem Gewicht, einem ebenso hochwertigen wie exzellent abgestimmten Fahrwerk mit agilem Handling, einem – mit 130 PS – lebhaften und robusten Motor sowie der sprichwörtlichen japanischen Produktqualität mit hoher Alltagstauglichkeit zu einem marktgerechten Verkaufspreis schwebte in seinem Segment nach wie vor meilenweit über allen Angeboten der Konkurrenz. Erfreulicherweise gab es in diesem Jahr genug Käufer, die genau das erkannten und sich richtig entschieden. Dennoch durfte man gespannt sein, wie sich die Dinge weiterentwickelten, da vor allem der für viele attraktive und beileibe nicht inkompetente BMW Z3 den Publikumstest – auch in den USA – noch vor sich hatte.

Eine Achillesferse des neuen Z3 war die zunächst wenig überzeugende Verarbeitungsqualität, die aus dem neu eröffneten BMW-Produktionswerk in den USA kam. Diese Phase wurde jedoch schnell überwunden, und der Z3 sollte seinen Weg machen.

1996
Europa hält die Stellung

Mazda stand als Fahrzeugproduzent wie als Unternehmen inzwischen stark unter Druck. Nach dem absoluten Hoch von insgesamt über 1,4 Millionen Einheiten im Jahr 1990, näherte sich der Ausstoß zur Mitte der 1990er-Dekade bedrohlich einer Halbierung dieser Zahl. Und das, obwohl die weltwirtschaftliche Entwicklung und damit auch die Automobilkonjunktur zu dieser Zeit durchaus positiv waren. Zwar lag man mit den beiden Sportwagenbaureihen MX-5 und RX-7 noch vergleichsweise gut im Markt, doch trug zum Beispiel der MX-5 trotz vieler Hype-Jahre und lange Zeit hervorragender Absatzzahlen nur wenig zum betriebswirtschaftlichen Ergebnis des Gesamtunternehmens bei. Sportwagen waren und blieben eben Nischenfahrzeuge, die, wegen ihres vergleichsweise niedrigen Stückzahlniveaus, bei einem Massenhersteller wie Mazda nicht dazu geeignet waren, einen Unterschied zu machen. Mit anderen Worten: Die Kassen in Hiroshima war so leer, wie sie nur sein konnten.

Das hatte natürlich auch Rückwirkungen auf den MX-5, dessen erste Modellgeneration sich nun unweigerlich ihrem Ende näherte. Unter den gegebenen Umständen konnte man auch getrost auf größere Veränderungen in den Fahrzeugspezifikationen verzichten. Selbst auf dem US-Markt, dem nach wie vor mit weitem Abstand bedeutendsten für den kleinen Roadster, dampfte man das Ausrollen von limitierten Editionsmodellen massiv ein. Einzig die Sonderausstattungsumfänge der im Vorjahr eingeführten Miata M Edition-Modelle wurden in Teilen noch einmal neu zusammengestellt. Nennenswerte Verkaufsimpulse konnten damit in den USA freilich nicht erzeugt werden, aber der riesige Markt zwischen West- und Ostküste nahm in diesem Jahr immer noch über 18.000 Exemplare auf – trotz des guten Starts des teureren und kommoderen BMW Z3, der zu Beginn allerdings noch von zahlreichen Qualitätsproblemen geplagt wurde. Zum Vergleich, und um die Proportionen zu verdeutlichen: Diese Verkaufszahl war ungefähr doppelt so hoch wie die Gesamtabsatzzahl in Europa. Dennoch war der alte Kontinent das einzige große Absatzgebiet, auf dem, trotz der bereits rund siebenjährigen Marktpräsenz des MX-5, noch, oder besser: wieder, Zuwächse vermeldet werden konnten.

Getragen wurden diese insbesondere vom britischen Markt, der sich zum ersten und nicht zum Mal vor den deutschen setzen konnte. Zumindest teilweise war dies vermutlich auf zwei preisaggressive limitierte Sondermodelle namens MX-5 1.6 »Monaco« und MX-5 1.8 »Merlot« zurückzuführen, die mit einem hohen Ausstattungsniveau glänzten und vertrieblich insbesondere auf den bereits populären MG F angesetzt waren. Hierzulande blieben die Zahlen dagegen auf mittlerem Niveau stabil. Immerhin waren in Deutschland noch zwei Editionsmodelle angeboten worden: Im März der auf 500 Fahrzeuge limitierte, umfassend ausgestattete MX-5 »Cosmo« in der eleganten Sonderfarbe »Merlot Mica«, einem dunkelroten Metallicton, mit beigefarbenem

Großbritannien, oder korrekt: das Vereinigte Königreich, war 1996 der stärkste MX-5-Markt in Europa, nicht zuletzt, weil die dortige Mazda-Vertriebsorganisation unablässig Sondermodelle auf Kiel legte – zum Beispiel den mit dem kleinen Motor versehenen, aber sonst üppig ausstaffierten »Monaco«.

Das mit dem 1,8-Liter-Triebwerk ausgestattete Modell »Merlot« sollte mit edler Farbgebung und großem Ausstattungsumfang zu vergleichsweise günstigem Preis in direkten Wettbewerb zum MG F treten, der unmittelbar nach seiner Einführung auf dem heimischen Markt zur Nummer 1 im Roadster-Segment avancierte.

Verdeck, und zum Offenfahr-Saisonstart im Mai der »Bicolor 1.6« mit dem kleinen Motor, aber rot-schwarzer Lederausstattung und zwei Airbags, von dem 300 Exemplare zum Preis von je 39.240,– DM zur Verfügung standen.

Dramatisch entwickelte sich dagegen die Situation in Japan. Statt, wie in den Hochzeiten zu Beginn der 90er-Dekade, über 25.000 Eunos Roadster ließen sich dort 1996 nur noch knapp 4500 Exemplare verkaufen. Auch ein klares Signal der Kundschaft, dass man dringend auf eine Neuauflage wartete. Doch Mazda war klamm wie nie zuvor und musste drastische Sparmaßnahmen implementieren, von denen die Entwicklungsbudgets selbstverständlich auch betroffen waren. Da kaum Rücklagen bestanden, musste dringend neue Liquidität her, eine Aufgabe, für die es nach Lage der Dinge nur eine Lösung gab: Die Ford Motor Company, bereits seit 1979 25-prozentiger Anteilseigner, musste sich noch stärker engagieren. Da man im Ford-Hauptquartier in Dearborn/Michigan eine positive Perspektive für dieses Investment sah, erhöhte man im laufenden Jahr seine Beteiligung an Mazda auf 33,4 Prozent, was die finanziellen Spielräume in Hiroshima wieder etwas vergrößerte.

In Deutschland wertete man die 1,6-Liter-Einstiegsversion unter anderem mit zweifarbiger Lederausstattung und zwei Airbags auf und bot sie als auf 300 Exemplare limitiertes Editionsmodell »Bicolor 1.6« an.

Der mit einem kompromisslosen Leichtbaukonzept antretende Lotus Elise kam 1996 auf den Markt und sprach jene Superenthusiasten an, denen es ausschließlich um perfektionierte Fahrdynamik ging.

Interessant war, dass 1996, genauer im September des Jahres, ein Sportwagen jener britischen Marke auf den Markt kam, die den Entwicklern des MX-5 als wesentliche Inspiration gedient hatte. Lotus Cars – nach einer Reihe von Besitzerwechsel war seinerzeit der malaysische Fahrzeughersteller Proton im Begriff, die Anteilsmehrheit an der traditionsreichen Firma zu übernehmen – führte die Elise ein, einen offenen Mittelmotor-Zweisitzer, der die klassische Konstruktionsphilosophie der Marke reflektieren und in eine erfolgreiche Zukunft führen sollte. Tatsächlich sollte diese Modellfamilie bis sage und schreibe Ende 2021 Bestand haben und das ohnehin hohe Renommée von Lotus als Nischenhersteller im Bereich ebenso innovativer wie talentierter Kompaktsportwagen enorm stärken. Tatsächlich wurde aus der Elise genau das, was der klassische Elan einst für den MX-5 gewesen war: ein Vorbild an konzeptioneller Konsequenz und konstruktiver Kreativität.

Schon zum Zeitpunkt der Weltpremiere des Lotus auf der Frankfurter IAA 1995 war freilich unstrittig, dass ein Vergleich zwischen MX-5 und Elise ein Vergleich zwischen Äpfeln und Birnen sein würde. Der Japaner hatte sich, weil er sich an eine möglichst große Zielgruppe wenden musste, in seiner technischen Auslegung an die Notwendigkeiten eines Großserienherstellers zu adaptieren, während sich der Lotus an den zahlenmäßig wesentlich kleineren harten Kern von Sportwagenenthusiasten wendete, bei denen ein begeisterndes Fahrerlebnis einen erheblich höheren Stellenwert besaß als Fragen der Praktikabilität oder

der Alltagstauglichkeit. So war der Lotus in seinen Außenmaßen noch einmal deutlich kleiner, bot fast gar kein Kofferraumvolumen und verströmte beim Gelenkigkeit erfordernden Einstieg sowie im spartanisch eingerichteten, engen Innenraum eher Rennwagenatmosphäre und war damit vornehmlich für ein Dasein als spaßbetontes Zweitfahrzeug für eine finanziell bessergestellte Klientel prädestiniert.

Dank dieser grundlegend unterschiedlichen Positionierung konnte er sich aber auch branchenweit als Innovationsträger profilieren, denn sein sensationell niedriges Gewicht von fahrfertig nur rund 730 kg rührte vor allem von seinem Chassis aus zusammengeklebten Aluminium-Strangpressprofilen her, das hohe Verwindungsfestigkeit mit äußerst geringem Gewicht verband. Unter diesen Voraussetzungen und in Kombination mit hochwertiger Fahrwerkstechnik sowie einem bürgerlichen, 120 PS/88 kW starken 1,8-Liter-Vierzylinder aus dem Rover-Regal – der im Übrigen auch im MG F zum Einsatz kam – avancierte der kleine Lotus zu einem extrem agilen Kurvenmonster, das keinen echten Sportwagenliebhaber kaltließ. Zu einem wirklichen Konkurrenten des MX-5 konnte er aber aufgrund seiner konzeptionellen Beschaffenheit und den daraus erwachsenden Limitierungen niemals werden – ganz abgesehen von seinem wesentlich höheren Kaufpreis. Für die Verhältnisse eines Herstellers wie Lotus wurde er aber mit insgesamt über 35.000 bis zum Serienende gebauten Exemplaren dennoch zu einem ebenso überraschenden wie überragenden Erfolg – eine Stückzahl-Größenordnung, die der MX-5 selbst in schlechten Zeiten wie 1996 allerdings schon in einem Jahr erreichte …

Der Lotus Elise war von Beginn an auch mit einem festen Dacheinsatz zu haben – was die Prozeduren des Ein- und Aussteigens noch einmal deutlich anspruchsvoller machte.

Das vollständig aus Aluminium bestehende Chassis des Lotus war im Innenraum kaum verkleidet und ließ den Passagieren nur wenig Platz, bot aber Rennwagenfeeling pur.

1997

Warten auf die nächste Generation

Aus gegebenem Anlass galt es nun, die modellstrategischen Prioritäten bei Mazda bis zur Jahrtausendwende wohlüberlegt zu regeln. Fahrzeuge, deren Beitrag zur wirtschaftlichen Erholung des Unternehmens wegen ihres begrenzten Stückzahlvolumens relativ überschaubar war, wie zum Beispiel der MX-5, mussten in puncto Entwicklungsbudget erst mal hinter den Volumenmodellen

Die Elise wurde für Lotus zu einem Dauerbrenner und damit zu einem großen Erfolg. Über die Jahre wurde eine Vielzahl unterschiedlich konfigurierter Versionen angeboten.

zurückstehen. Ford, aufgrund des gestiegenen Anteils an Mazda stärker als bisher in die zentralen Entscheidungen eingebunden, hatte indes keine Einwände gegen die Weiterführung der erfolgreichen Roadster-Baureihe. Tatsächlich arbeiteten die Ingenieure in Hiroshima bereits seit gut einem Jahr an der nächsten MX-5-Generation. Wenn davon zunächst auch nichts nach außen drang, so durften interessierte Beobachter das gleichwohl vermuten, schließlich befand sich das Ursprungsmodell bereits im achten Jahr seiner Marktpräsenz – ein schon für die damalige Automobilbranche ungewöhnlich langer Produktionszyklus.

Es war also nicht weiter überraschend, dass man trotz veränderter Wettbewerbssituation versuchte, das bekannte Modell mit sehr überschaubarem Aufwand weiter am Leben zu erhalten. Für den Kernmarkt USA bedeutete dies, wieder einmal veränderte Ausstattungspakete zusammenzustellen und das erfolgreiche Sondermodell »Edition M« unter anderem mit der neuen attraktiven Karosseriefarbe »Marina Green Mica« und hochpolierten 15-Zoll-Leichtmetallfelgen zu versehen. Neu war die auf 1500 Einheiten begrenzte »STO Edition«, die serienmäßig mit einer Fülle von Ausstattungsgoodies aufwartete, sodass auf der Extraliste nur noch eine Klimaanlage und die Getriebeautomatik verzeichnet waren. Solche Maßnahmen und die speziellen Talente des MX-5 verhinderten nach wie vor, dass die Absatzzahlen in Nordamerika massiv abrutschten: Immer noch ließen sich mehr als 17.000 Käufer für ein Fahrzeug der ersten Generation gewinnen – gerade mal 1000 weniger als im Jahr zuvor.

Noch weit besser sah es in Europa aus, wo – man mochte es nach acht Produktionsjahren ohne wirklich tiefgreifende Veränderungen kaum glauben – mit über 10.500 Fahrzeugen tatsächlich das zweitbeste Verkaufsergebnis der bisherigen MX-5-Historie erzielt werden konnte. Das widerlegte alle bekannten Vertriebsparameter und war definitiv als singuläres Branchenereignis zu werten. Im Unterschied zum britischen Markt, beteiligte sich der deutsche nicht an diesem Miniboom und markierte mit unter 3000 Fahrzeugen seinen absoluten Tiefpunkt in Sachen Absatzzahlen. Das vermochte auch nicht das auf 800 Fahrzeuge limitierte 1,6-Liter-Sondermodell namens »Classic« mit seinen 15-Zoll-Felgen und einem Momo-Lenkrad zu verhindern. Die Briten hingegen lieferten mit fast 5000 Verkäufen ihr bisheriges

Die Briten schafften mit nicht weniger als fünf MX-5-Sondermodellen, die sie 1997 lancierten, ihr bestes Jahresverkaufsergebnis – höchst ungewöhnlich für einen alles andere als taufrischen Fahrzeugtyp. Abgebildet ist das Modell »Classic« mit 15-Zoll-Felgen und Sonderlackierung in Dunkelrotmetallic.

Bestergebnis ab – trotz MG F und BMW Z3. Dies war sehr verwunderlich, aber zugleich ein starkes Zeichen für die Zukunft des kompakten Roadsters. Die Vertriebsabteilung der dortigen Mazda-Dependance hatte sich auch noch einmal richtig ins Zeug gelegt und nacheinander nicht weniger als fünf Sondermodelle präsentiert, die trotz teilweise nicht nachvollziehbarer Namensgebung – da gab es zum Beispiel eine »Dakar Special Edition« und eine »Harvard Edition« – offenbar voll den Nerv der Zielgruppe trafen und den Markt in Bewegung brachten.

Kritisch dagegen entwickelte sich für Mazda der japanische Heimmarkt. Hier konnten, trotz ähnlich gelagerter vertrieblicher Bemühungen, nur noch rund 3500 Eunos Roadster abgesetzt werden – sieben Jahre zuvor waren es noch über 25.000 gewesen. Nicht wenige Beobachter vermuteten hinter dieser Entwicklung, die nicht nur den MX-5 in seinem speziellen Segment betraf, sondern in ähnlicher Weise auch andere einheimische und ausländische Sportwagen, eine beginnende strukturelle Veränderung des Käuferverhaltens. Nicht mehr schicke, sportliche Coupés

Warum die britische Mazda-Vertriebsgesellschaft diesem unter anderem mit BBS-Leichtmetallfelgen ausgestatteten Sondermodell ausgerechnet die Bezeichnung »Dakar« verpasst hatte, blieb ihr Geheimnis.

Das ebenfalls zu den fünf abschließenden Editionsserien zählende Sondermodell »Harvard« stach zum einen durch seine 15-Zoll-Felgen in 5-Speichen-Optik heraus, zum anderen aber durch seine ungewöhnliche silberfarbene Lackierung. Kombiniert war diese mit roten Ledersitzen, die über hellgraue Kontrastkeder verfügten.

Den Abschied von den Fahrzeugen der NA-Generation wurde bei den Briten durch das Sondermodell »Berkeley« versüßt. Es war voll ausgestattet und zeigte klassisch britischen Stil mit grüner Metalliclackierung und Walnussholzfurnier im Innenraum.

und Cabrios für den coolen Auftritt konnten die Aufmerksamkeit der entsprechenden Zielgruppe erringen, sondern es rückten verstärkt praktische, wandlungsfähige Mehrzweckfahrzeuge in den Blick. Dabei war der neue Trend zum Cabrio, dem in den nächsten Jahren weitere, auch japanische, Hersteller folgten, noch gar nicht wirklich ausgebrochen. Wie sich zeigen sollte, erwies sich diese erste, vom japanischen Markt Ende der 1990er-Jahre ausgehende Symptombeschreibung dennoch als äußerst hellsichtig – auch wenn sie die gesamte Autoindustrie damals noch nicht so recht wahrhaben wollte.

In Hiroshima jedenfalls konzentrierte man sich vorerst darauf, den Entwicklungsprozess für die zweite MX-5-Generation endgültig abzuschließen, denn intern hatte man entschieden, dass das lange Warten ein baldiges Ende haben und die Erfolgsgeschichte des kompakten Roadsters zum Wohle des Unternehmens fortgeschrieben werden sollte. Man beschloss, den Nachfolger im unmittelbaren Vorfeld der für Ende Oktober 1997 angesetzten Tokyo Motor Show weltweiten Medienvertretern erstmals zu präsentieren. Zwar ist das genaue Datum des Bandablaufs nicht bekannt, aber im Lauf des letzten Quartals endete definitiv die Produktion der NA-Modelle und startete die der neuen, NB genannten MX-5-Generation. Auf die bisherige Fertigungsstatistik konnte Mazda mit Recht stolz sein: Mehr als 430.000 Fahrzeuge waren gebaut worden und machten den kleinen japanischen Roadster zum erfolgreichsten Sportwagen aller Zeiten – wohlgemerkt innerhalb nur einer Fahrzeuggeneration. Allein auf dem deutschen Markt, dem, über alles gesehen, mit Abstand stärksten in Europa, konnten bis Ende 1997 über 33.000 Exemplare verkauft werden.

Als weltweit letzte sagten tatsächlich die in Sachen MX-5 etwas spätberufenen Briten »Goodbye« zur Urversion: mit dem Sondermodell »Berkeley«, von dem insgesamt 400 Exemplare noch in den ersten Monaten 1998 verkauft wurden. Lackiert war es in einem mittelgrünen Metallicton, kam mit zweifarbiger Lederausstattung in schwarz/grau, Zierteilen im Innenraum aus klassisch britischem Walnussholzfurnier, nahezu komplettem Ausstattungsumfang und natürlich einem Limitierungssignet, das die Authentizität des Fahrzeugs bestätigte.

Damit war die Karriere dieses höchst erstaunlichen Roadsters unwiderruflich beendet, und nicht nur die Journalisten fragten sich, wie Mazda es schaffen wollte, den sensationellen Erfolg des Premierenmodells bei der zweiten Generation auch nur einigermaßen fortzuführen.

A MX 1555
mazda

KAPITEL 3

Die 2. Generation (1998 – 2005):

Der NB – weiter auf Kurs

1998
Geduld zahlt sich aus

Die Bedeutung, die der erste MX-5 als spaßorientiertes Nischenfahrzeug für Normalverdiener seit seiner Einführung nahezu zehn Jahre zuvor erlangt hatte, war nichts weniger als faszinierend. Er war trotz seiner gewissen Unscheinbarkeit im allgemeinen Bewusstsein des Auto-affinen Publikums tiefer verankert als so mancher Porsche oder Ferrari – nicht zuletzt, weil er auch hierzulande aufgrund der hohen Stückzahlen Teil des alltäglichen Straßenbildes geworden war. Nun galt es für die MX-5-Entwickler in Hiroshima, bei der 2. Generation trotz knapper Budgets äußerst anspruchsvolle Zielsetzungen zu erreichen.

Aber wie konnten die aussehen, wenn man die Baureihe so erfolgreich wie bisher fortführen wollte? Grundlegende konzeptionelle Veränderungen, wie beispielsweise die Umstellung auf eine Mittelmotorauslegung oder ein komplett neues Antriebsaggregat, verboten sich aus Kostengründen von selbst. Und auch die bei fast allen Automobilherstellern allgegenwärtige Verlockung, die nächste Fahrzeuggeneration deutlich größer und stärker, also erwachsener zu gestalten, um neu entstandener Konkurrenz, in diesem Fall vor allem von BMW, aber auch von MG und Alfa, direkter entgegenzutreten, war keine Option: Schließlich war der kompakte Roadster genau deshalb ein so großer Erfolg geworden, weil er eben so war, wie er war, und ein Fahrerlebnis bot, das auch nach acht Jahren dem seiner wie auch immer gearteten Wettbewerber haushoch überlegen war. Zum Glück waren die Mazda-Ingenieure hier ebenso klarsichtig wie die Vertriebler des Hauses: Am bisherigen Fahrzeugkonzept sollte und durfte auch nicht gerüttelt werden. Stattdessen sollten bei der zweiten MX-5-Generation gezielte Verbesserungen und Aktualisierungen auf technischer wie optischer Ebene umgesetzt werden, die insgesamt moderaten Charakter besaßen und die Kernwerte des Roadsters nicht kompromittierten.

Das Ergebnis dieses fein auszutarierenden Entwicklungsprozesses, der noch nicht einmal zwei Jahre gedauert hatte, war dann tatsächlich auf der Tokyo Motor Show Ende Oktober 1997 zu besichtigen. Bei den beiden vor Ort ausgestellten Exemplaren handelte es sich jedoch noch um Vorserienfahrzeuge. Die Produktion startete erst im Januar 1998, und wenige Wochen danach begann dann die Einführung auf dem japanischen Markt. Vor allem auf dessen Reaktion durfte man nach den drastischen Verkaufseinbrüchen der vergangenen Jahre gespannt sein.

Gleich, aber dennoch anders und moderner: Den Designern in Hiroshima gelang das Kunststück, die Ausstrahlung des MX-5 weitestgehend auch bei den NB-Modellen zu erhalten.

Bei den Mazda-Verantwortlichen gab es nie ernsthafte Diskussionen darüber, das Technikkonzept des MX-5 in irgendeiner Form zu ändern.

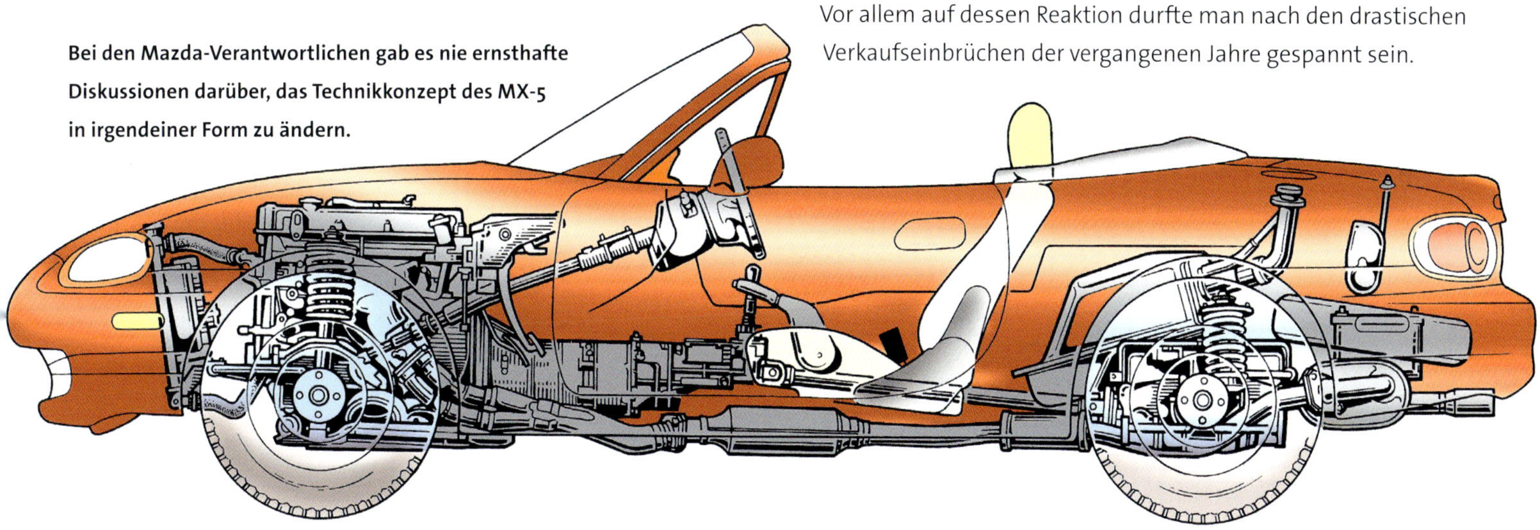

Die 2. Generation (1998–2005): Der NB – weiter auf Kurs

Wer den neuen MX-5 auf dem Mazda-Stand zum ersten Mal sah, war überrascht und erfreut zugleich. Das äußere Erscheinungsbild war irgendwie vertraut, aber doch anders und in jedem Fall sympathisch und ansprechend. Diesmal hatte man in Hiroshima bei der Formfindung nicht auf einen internen Wettbewerb gesetzt, sondern auf gestalterische Anregungen aus den internationalen Designzentren von Mazda zurückgegriffen. Zweifellos hatte die Karosse weit mehr als ein bloßes Facelift erhalten, was allein schon durch die auf Anhieb in den Blick rückenden Hauptscheinwerfer deutlich wurde. Diese waren nun, einem allgemeinen Trend folgend, aus Gründen der Aerodynamik, aber auch wegen der höheren Fertigungskosten, nicht mehr als Klappscheinwerfer ausgeführt, sondern organisch und fast bündig in die Fahrzeugfront eingelassen. Ansonsten präsentierte sich das Exterieur harmonisch gezeichnet, mit noch etwas weicheren, fließenderen Linien als beim NA. Die Designsprache war, wie zuvor, nicht auf Expressivität à la Alfa Spider ausgerichtet, sondern sollte möglichst breite Akzeptanz erzeugen. Gleichwohl wirkte der Neue etwas gereifter im Auftritt, ohne dies allerdings durch einen Zuwachs an Größe zu erkaufen. Tatsächlich unterschied er sich hier, bis auf ein paar wenige Millimeter in allen Dimensionen, nicht von seinem Vorgänger. Auch der Radstand war um nur 5 Millimeter verlängert worden.

Eine noch weichere und harmonischere Linienführung kennzeichnete die neue MX-5-Generation.

Augenfälligstes Erkennungsmerkmal der NB-Modelle waren die neuen, bündig eingelassenen Hauptscheinwerfer. Am Ende vermisste die alten Schlafaugen niemand.

Die während der vergangenen Jahre für die Automobilhersteller nachhaltig verschärften Sicherheitsbestimmungen – die einen kompakten Roadster natürlich in besonderer Weise trafen – resultierten also glücklicherweise nicht in irgendwelchen optischen Desastern. Die Frage war, wie es auf der Waage aussah, denn bekanntlich standen die dynamischen Qualitäten des MX-5 im unmittelbaren Zusammenhang mit seinem niedrigen Gewicht. Schon während der Entwicklungsarbeiten war allerdings klargeworden, dass es bei den NB-Modellen nicht mehr gelingen würde, das Fahrzeuggewicht unter der 1000-Kilo-Grenze zu halten. Die Einhaltung neuer Sicherheits- und Emissionsregularien würde für eine Erhöhung um mindestens 60 kg sorgen. Das war für sich betrachtet nicht erfreulich, zumal Mazda als Großserienhersteller aus Kostengründen auch nur wenig Spielraum hatte, etwa durch den weitergehenden Einsatz leichter Materialien, wie zum Beispiel Aluminium, dem entgegenzuwirken – aber andererseits: Schon viele MX-5 der ersten Generation waren, vor allem in den USA, mit üppiger Zusatzausstattung oder als Sondermodell geordert worden, wobei die medial so hochgehaltene 1000-Kilo-Schallmauer mit Klimaanlage, elektrischen Fensterhebern, Airbags und dergleichen im Nu überschritten wurde, ohne dass die Fahrzeugbesitzer je über Einbußen an Fahrspaß geklagt hätten. So durfte man in Hiroshima getrost darauf vertrauen, dass das ohnehin

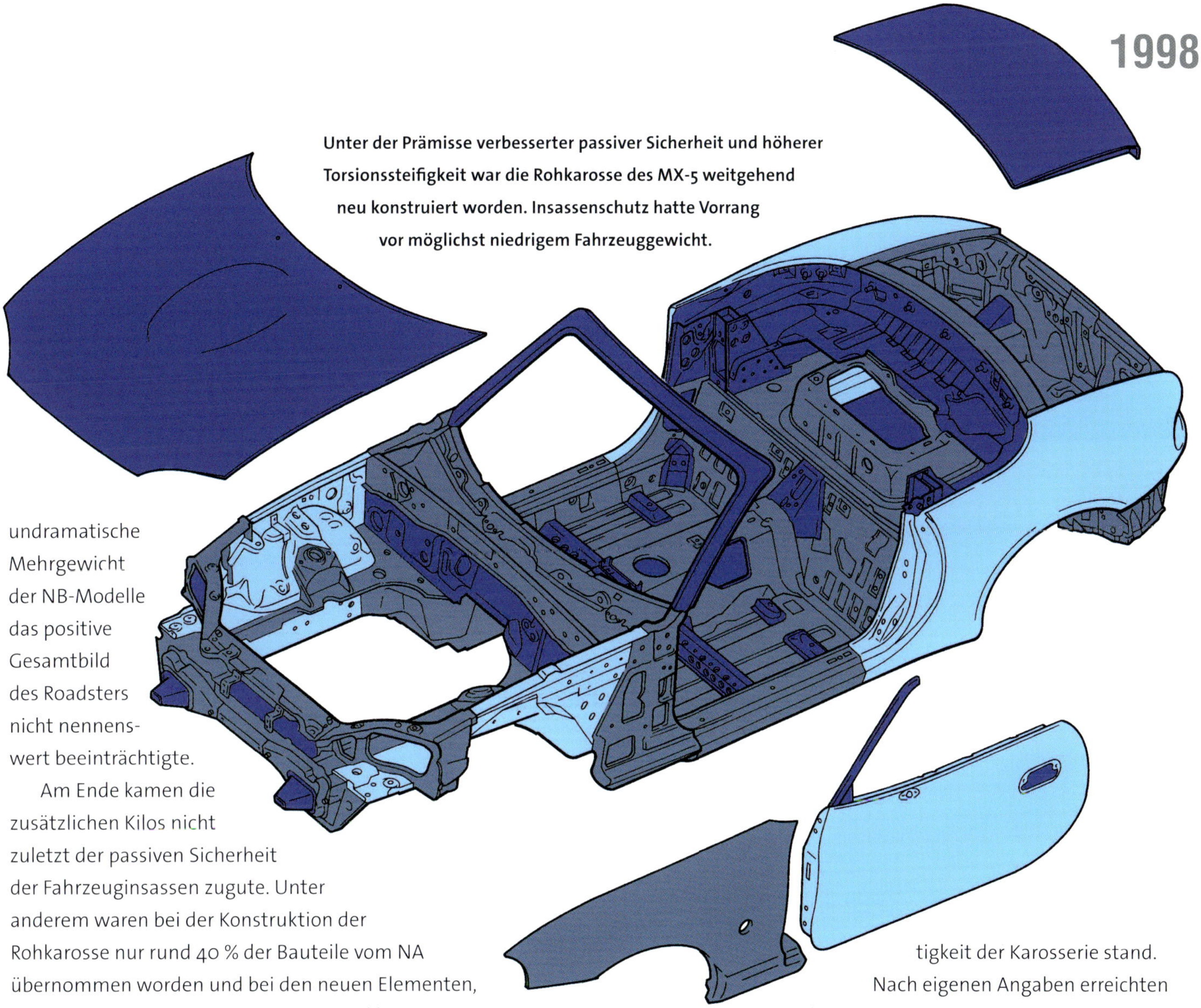

Unter der Prämisse verbesserter passiver Sicherheit und höherer Torsionssteifigkeit war die Rohkarosse des MX-5 weitgehend neu konstruiert worden. Insassenschutz hatte Vorrang vor möglichst niedrigem Fahrzeuggewicht.

undramatische Mehrgewicht der NB-Modelle das positive Gesamtbild des Roadsters nicht nennenswert beeinträchtigte.

Am Ende kamen die zusätzlichen Kilos nicht zuletzt der passiven Sicherheit der Fahrzeuginsassen zugute. Unter anderem waren bei der Konstruktion der Rohkarosse nur rund 40 % der Bauteile vom NA übernommen worden und bei den neuen Elementen, vor allem den Crashstrukturen vorne und hinten, neueste computergestützte Konstruktionsmethoden zum Einsatz gekommen. Erkennbar war auch die Dimension der Türschweller deutlich gewachsen, was in engem Zusammenhang mit dem allgemeinen Bemühen um eine Erhöhung der Verwindungsfestigkeit der Karosserie stand.

Nach eigenen Angaben erreichten die MX-5-Entwickler hier ein Plus von ebenfalls knapp 40 %. Dies wiederum nutzten sie, um die Aufnahmepunkte der Fahrwerkskomponenten an der Karosserie weiter zu verstärken, um eine noch höhere Präzision und Stabilität des Fahrverhaltens zu generieren. Darüber hinaus hatte man

Nicht auf den ersten Blick zu erkennen: Die Türschweller der NB-Modelle waren insgesamt deutlich voluminöser dimensioniert, um in jeder Hinsicht mehr Stabilität zu schaffen.

auch auf eine Optimierung der Aerodynamik geachtet. Das betraf nicht nur den Wegfall der Klappscheinwerfer, sondern äußerte sich unter anderem auch in einem dezenten, aber doch ins Auge fallenden kleinen Heckspoiler, der nicht plump aufgesetzt, sondern ins hintere obere Ende des Kofferraumdeckels integriert war.

Zu den Kernqualitäten des MX-5 gehörte auch seine Praktikabilität im Alltagseinsatz, und es war von zentraler Bedeutung für den weiteren Erfolg der Baureihe, dass diese mindestens beibehalten wurde. So zeigte sich etwa das bewährte, simpel zu bedienende Verdeck quasi unverändert, wies nun aber ein gläsernes und beheizbares Heckfenster auf, das auch auf Dauer für klare Sicht sorgte. Eine elektrische Betätigung des Faltdachs war weder erforderlich noch aus Gewichts- und Kostengründen erwünscht. Dagegen zog optional, als nützliches Feature für entspanntes Offenfahren, ein sogenannter »Windblocker« ein. Dabei handelte es sich nicht um eines der heute so verbreiteten, klappbaren Windschotts, sondern um ein hinter den Sitzen angebrachtes schmales Kunststoffprofil, das ebenfalls den von hinten einwirkenden Sog des Fahrtwindes abmildern sollte. Erfreulich war auch, dass sich die Ingenieure des Kofferraums angenommen hatten. Dessen Fassungsvermögen war und blieb zwar knapp, präsentierte sich aber nicht nur um immerhin rund 15 % erhöht, sondern war auch besser nutzbar, weil man Ersatzrad und Batterie, die zuvor gestört hatten, nun unter den Boden des Kofferabteils verfrachtet hatte. Zusätzlich war letzteres jetzt auch erstmals mit Teppich ausgeschlagen.

Harmonisch aus dem Kofferraumdeckel herausmodelliert, zeigte das neue Modell eine kleine Spoilerwölbung, die der aerodynamischen Effizienz der Karosserie zugutekam.

Unverändert blieb dagegen das Platzangebot im schlank geschnittenen Innenraum, der aber nun ebenfalls etwas mehr Komfort bot. An den Türverkleidungen gab es jetzt ordentliche Armlehnen, die mit Zuziehgriffen kombiniert waren, und auch die Türablagen waren vergrößert worden. Ansonsten erinnerte die gesamte Interieurgestaltung stark an die des Vorgängermodells, mit einer Ausnahme: Teil der insgesamt moderat aktualisierten Optik war eine veränderte Ausführung der Mittelkonsole, die jetzt nicht mehr an die Armaturentafel angesetzt wirkte, sondern in

Aus jeder Perspektive war der neue MX-5 eine sympathische Erscheinung. Das Faltverdeck saß nach wie vor wie eine Eins, jetzt sogar serienmäßig mit heizbarer Glasheckscheibe.

Wertiger in puncto Materialien und gestalterisch ausgereifter wirkte das mit Augenmaß modernisierte Interieur der NB-Modelle.

Der sogenannte »Windblocker« direkt hinter den Sitzen mühte sich redlich, den Sog des Fahrtwindes zu reduzieren.

Die Entwickler gönnten dem stets knapp dimensionierten MX-5-Kofferraum beim NB ein paar Kubikzentimeter mehr an Volumen.

sie integriert war. Die beiden Belüftungsdüsen waren nun höher platziert und sehr hübsch in das Arrangement eingebunden. Wegen der bei den NB-Modellen serienmäßigen Airbags auf Fahrer- und Beifahrerseite wölbte sich die Armaturentafel auch etwas voluminöser und rundlicher als zuvor den Fahrzeuginsassen entgegen. Glücklicherweise unangetastet blieb, bis auf kleine Veränderungen an der Ausführung der Instrumente, der Armaturenblock mit seinen fünf Uhren und dem typischen runden Blendschutz.

Fazit: Im Interieur des neuen MX-5 konnte man sich eher noch wohler fühlen als zuvor. Alles war moderner, hübscher und – ja – auch etwas hochwertiger geworden. Das Komfortniveau zeigte sich wohldosiert den veränderten Kundenerwartungen angepasst, ebenso wie Optik und Anmutung. Den Entwicklern war der schwierige Balanceakt gelungen, dies alles zu erreichen, ohne dabei nennenswertes Mehrgewicht zu produzieren und dennoch, unter Beibehaltung des traditionellen Qualitätsniveaus, die im Vorfeld geforderten Einsparungen bei den Produktionskosten zu realisieren.

Motorseitig sah die Aufgabe für die Entwickler ganz ähnlich aus. Es bestand auch nach rund acht Jahren kein Bedarf, die Wahl der Antriebsaggregate für die neue MX-5-Generation grundsätzlich zu überdenken. Die beiden bewährten Vierzylinder mit 1,6 und knapp 1,9 Litern Hubraum erfüllten nach wie vor sämtliche Anforderungen, mussten aber zum einen in puncto Schadstoffemissionen und Geräuschverhalten an die seinerzeit auf den verschiedenen Zielmärkten aktuellen bzw. geplanten Zulassungsbestimmungen angepasst und sollten zum anderen bei Verbrauch und Leistungscharakteristik weiter optimiert

Die beiden bewährten Vierzylinder mit 1,6 (oben) und 1,9 Liter Hubraum (unten) profitierten in ihrer Leistungscharakteristik von der Einführung eines längenvariablen Ansaugkrümmers.

werden. Zu diesem Zweck wurde eine Reihe von Maßnahmen ergriffen. Innermotorisch setzte man unter anderem auf höher verdichtende Kolben und überarbeitete Nockenprofile mit veränderten Steuerzeiten. Von besonderer Bedeutung war

In den Fahrzeugen der NB-Generation erstmals serienmäßig: Front-Airbags für die Passagiere.

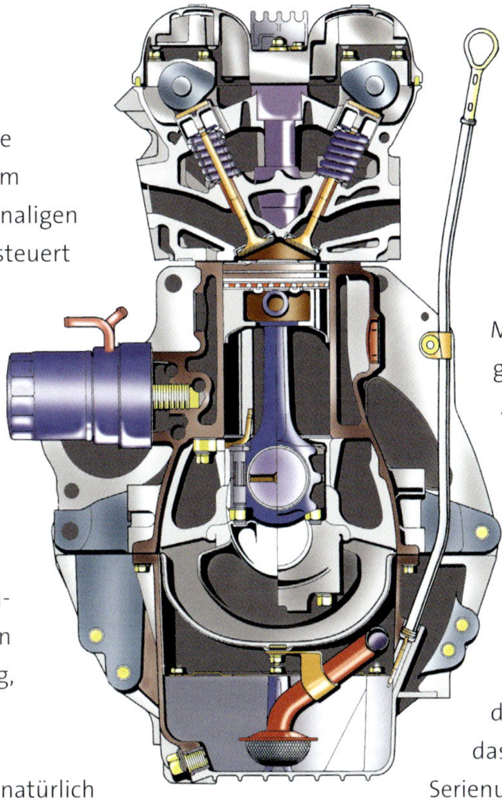

Andere Nockenprofile und neue Kolben waren die wesentlichen innermotorischen Maßnahmen, um die NB-Triebwerke etwas zu kräftigen.

jedoch der Einsatz des neuen VICS (Variable Inertia Charging System), bei dem es sich im Prinzip um einen längenvariablen, mehrkanaligen Ansaugkrümmer handelte, der klappengesteuert je nach Leistungsanforderung zusätzliche Ansaugluft zur Verbrennung bereitstellte. Das führte in Kombination mit einem erleichterten Schwungrad zu lebhafterer Leistungsentfaltung, sorgte aber auch für einen besseren Drehmomentverlauf im mittleren Drehzahlbereich und mithin für höhere Durchzugskraft. Abgerundet wurde das Maßnahmenpaket durch den Einsatz der modernen Bosch LH-Jetronic mit Luftmassenmessung, die für geringeren Spritverbrauch und das Einhalten der Euro-2-Abgasnorm sorgte.

Die genannten Modifikationen hatten natürlich auch Auswirkungen auf die Leistungsdaten der neuen MX-5-Modelle. Der große Motor stellte nun statt 130 PS/96 kW satte 140 PS/103 kW bereit, während die 1,6-Liter-Variante nicht mehr auf die etwas deprimierenden 90 PS/66 kW gedrosselt war, sondern mit 110 PS/81 kW fast wieder zu alter Stärke zurückgefunden hatte. Auch bei der Drehmomentchrarakteristik machten sich die oben beschriebenen Maßnahmen absolut positiv bemerkbar: Bei unverändert hoher Nenndrehzahl von 6500/min erreichte der 1,9-Liter sein – ohnehin auf 162 Nm angestiegenes – Drehmomentmaximum schon bei 4500/min und nicht, wie sein Vorgänger, erst bei 5000/min. Ähnliches galt für die 1,6-Liter-Version, die im Vergleich zur alten 115 PS/85 kW-Maschine hier ihren Bestwert bei 5000/min statt bei 5500/min realisierte.

Am meisten profitierte der Triebstrang der zweiten MX-5-Generation jedoch vom Einsatz einer neuen Kraftübertragung mit sechs Vorwärtsgängen. Etwas enger gestuft und mit einem als Overdrive ausgelegten sechsten Gang ermöglichte das neue Getriebe, bei allerdings etwas verschlechterter Schaltbarkeit, einerseits die optimale Ausnutzung des Leistungsvolumens und andererseits eine Reduzierung des Drehzahlniveaus und damit des Verbrauchs beispielsweise bei höherem Autobahntempo. Leider wurde die 6-Gang-Box zum Leidwesen zahlreicher Liebhaber des kompakten Roadsters bis auf Weiteres von Mazda auf manchen Märkten als besonderes Goodie vermarktet. Während sie in Japan und Nordamerika in Verbindung mit dem 1,9-Liter-Motor üblicherweise zum Serienumfang gehörte, wurde sie in Europa, je nach Absatzmarkt, nur gegen Aufpreis oder als Ausstattungshighlight eines Sondermodells verfügbar gemacht. Am Ende schieden sich aber die Geister, ob nun das perfekt schaltbare 5-Gang- oder das andere Vorteile bietende 6-Gang-Getriebe zu bevorzugen war. Tatsächlich dauerte es noch bis zur Präsentation der vierten MX-5-Generation im Jahr 2015, das eine 6-stufige Schaltbox generell zum Serienumfang gehörte.

Nachdem das Fahrwerk des Ur-MX-5 weder in konstruktiver Hinsicht noch in Sachen Abstimmung kaum je zu Klagen Anlass gegeben hatte, konnten sich die Entwicklungsingenieure in Hiroshima bei den Modellen der zweiten Generation in diesem Bereich auf weiteren Feinschliff im Detail beschränken. Dazu gehörten unter anderem der Einsatz neuer Feder-/Dämpfer-Elemente, um die bisher vorhandene Untersteuerneigung noch etwas stärker zu neutralisieren, und eine Verstärkung der

Anders als etwa in den USA, Kanada und Japan war das neue 6-Gang-Getriebe in Europa üblicherweise nicht an den 1,9-Liter-Motor gekoppelt.

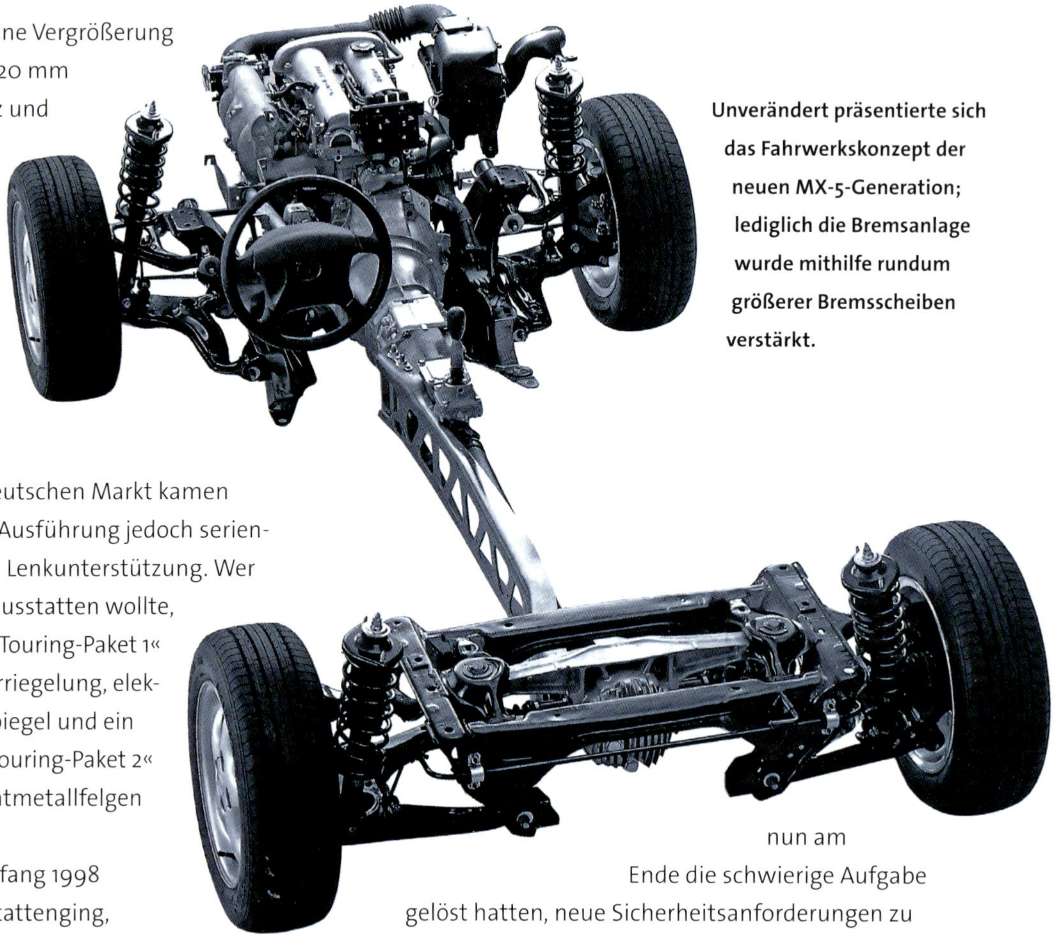

Unverändert präsentierte sich das Fahrwerkskonzept der neuen MX-5-Generation; lediglich die Bremsanlage wurde mithilfe rundum größerer Bremsscheiben verstärkt.

Vierrad-Scheibenbremsanlage. Durch eine Vergrößerung des Scheibendurchmessers um jeweils 20 mm vorne und hinten erhöhte man Effizienz und Standfestigkeit des Bremssystems.

Ähnlich wie beim 6-Gang-Getriebe gehörten auch Servolenkung, Leichtmetallfelgen und Klimaanlage nach wie vor nicht grundsätzlich zum allgemeinen Ausstattungsumfang, sondern konnten je nach Modell und Marktgegebenheiten als Einzelextra oder als Teil eines Ausstattungspakets spezifiziert werden. Kunden auf dem deutschen Markt kamen sowohl bei der 1,6- wie bei der 1,9-Liter-Ausführung jedoch serienmäßig in den Genuss der hydraulischen Lenkunterstützung. Wer auch das Einstiegsmodell noch besser ausstatten wollte, musste hierzulande zum sogenannten »Touring-Paket 1« greifen, das ein Lederlenkrad, Zentralverriegelung, elektrisch verstell- und beheizbare Außenspiegel und ein Windschott umfasste, oder direkt das »Touring-Paket 2« ordern, das zusätzlich noch 15-Zoll-Leichtmetallfelgen mit 195/50-Bereifung beinhaltete.

Mit Blick auf den Marktstart, der Anfang 1998 selbstverständlich zuerst in Japan vonstattenging, unmittelbar gefolgt von der US-Publikumspremiere auf der North American International Auto Show in Detroit, war vor allem von großem Interesse, wie die Mazda-Entwickler denn nun am Ende die schwierige Aufgabe gelöst hatten, neue Sicherheitsanforderungen zu erfüllen, dazu ein wohldosiertes Mehr an Komfort zu bieten und dennoch die Gewichtsfrage als zentrales Merkmal der MX-5-DNA im Griff zu behalten. Unter den gegebenen Umständen und mit den limitierten Möglichkeiten eines Massenherstellers wie Mazda, wo man nicht mal eben den Einsatz von Aluminium vervielfachen konnte, musste man konstatieren: Sie hatten sich sehr achtbar geschlagen. Wie erwähnt, hatte von vorneherein außer Frage gestanden, dass auch die Basisversion des neuen MX-5 fahrfertig nicht unter 1000 Kilo zu halten sein würde. Bezogen auf die für Deutschland gültige Spezifikation gab man werkseitig für die 1,6-Liter-Version in der Grundausführung schließlich ein Mindestgewicht – fahrfertig, das heißt mit allen Betriebsflüssigkeiten – von 1090 Kilo an, der 1,9-Liter brachte mindestens 1100 Kilo auf die Waage. Das waren zweifellos sehr respektable Werte, die kein Konkurrent auch nur annähernd zu toppen vermochte, aber vom klassischen »Leichtbau«-Narrativ, wie es etwa der Lotus Elise vertreten konnte, hatte man sich zwangsläufig ein gutes Stück weit verabschieden müssen.

15-Zoll-Felgen – hier in spezieller Hochglanzausführung – mit 195/50er-Niederquerschnittsbereifung blieben bei den neuen Modellen ebenfalls auf die eine oder andere Art aufpreispflichtig.

Es stellte sich im weiteren Verlauf jedoch heraus, dass dies dem Nimbus der MX-5-Baureihe keinerlei Abbruch tat. Erste Fahrberichte und Tests ergaben, dass die grundlegende Charakteristik des Roadsters, seine Agilität und seine Fahrleistungen, auch mit den zusätzlich zu schleppenden Kilos, in keiner Weise gelitten hatten. Die verfeinerte Fahrwerksabstimmung und die kräftigeren Motoren kompensierten den Gewichtsnachteil problemlos, und so ritten die Medien auch nicht weiter auf dem Thema herum. Im Gegenteil: Man freute sich, dass der neue MX-5 mit all seinen Qualitäten in puncto Fahrerlebnis ganz der Alte geblieben war.

Die 1,6-Liter-Basisvariante des neuen Eunos Roadster war in Japan immerhin serienmäßig mit 14-Zoll-Leichtmetallfelgen ausstaffiert.

Der Marktstart der NB-Generation in Japan war nach bekannter Tradition durch zahlreiche Modellversionen unterschiedlicher Spezifikation gekennzeichnet. Den 1,6-Liter gab es als mager ausgestattete Basisvariante sowie alternativ mit dem »M Package« oder dem »Special Package«. Der stärker motorisierte Bruder war als »S«, leicht getunter »RS« oder komfortbetonter »VS« zu haben, jeweils mit charakteristischen Ausstattungsumfängen, darunter speziellen Felgen-/Reifenkombinationen und individuellen Farbpaletten. In den USA wandte die dortige Mazda-Dependance bekanntlich ähnliche Marketingmaßnahmen an, allerdings beschränkte man sich dort nun ausschließlich auf den Verkauf des 1,9-Liter-Modells. Auch hiervon gab es eine preisoptimierte Einsteigerversion mit 5-Gang-Getriebe und Stahlfelgen, die aber auch zwei Airbags und eine Stereoradio/CD-Player-Kombination aufwies. Als aufpreispflichtige Ausstattungspakete standen zusätzlich das »Touring Package«, das »Popular Equipment Package«, das »Leather Package«, das »Sports Package« und das »Appearance Package« bereit. Bemerkenswert war, dass auf dem US-Markt die Verkaufspreise trotz des insgesamt deutlich wertigeren Gesamtpakets nur unwesentlich höher als beim Vormodell angesetzt wurden und unterhalb der 20.000-Dollar-Schwelle blieben.

Auf dem heimischen Markt sprach Mazda nicht von einem 1,9-Liter-Motor: Diese Ausführung mit außen und innen sportlich zugeschnittener Sonderausstattung hieß »RS 1800«.

Die Europapremiere des neuen MX-5 fand auf dem Genfer Autosalon im März 1998 statt. Zwar wurden auf den hiesigen Märkten nach wie vor die 1,6- und die 1,9-Liter-Version verfügbar gemacht, aber es blieb, trotz der erkennbar gewachsenen Bedeutung Europas als Absatzgebiet, bei einer eher konservativen Vermarktungsstrategie. In Deutschland und Großbritannien, als mit Abstand umsatzträchtigsten Ländern, wurden potenzielle Kunden zunächst mit nur wenigen Sonderausführungen und Ausstattungspaketen gelockt. Teilweise wurden stattdessen die Aufpreislisten in traditioneller Art so gestaltet,

dass auch Käufer des schwächeren Modells dieses mithilfe von Einzelextras aufwerten konnten.

Welche Strategien auch immer verfolgt wurden: Das Jahr des Wechsels auf die NB-Generation wurde für den MX-5 und damit für Mazda in jedem Fall zu einem großen Erfolg. Sämtliche Sorgen, die die Verantwortlichen in Hiroshima gehabt haben mochten, dass die Zeit für ein solches Nischenprodukt vielleicht abzulaufen begann, erwiesen sich als unbegründet. Japan als wohl kritischster Markt erlebte fast eine Verdreifachung der Verkaufszahlen auf über 10.000 Exemplare, und in Europa konnte ein Zuwachs von gut 60 % auf fast 17.000 Fahrzeuge registriert werden, wobei sich Deutschland mit über 6500 Fahrzeugen erstmals seit 1995 wieder als stärkstes Absatzgebiet knapp vor Großbritannien behauptete. Einzig in den USA blieb der Enthusiasmus mit einem Zuwachs von weniger als 10 % gegenüber dem letzten Jahr des Vormodells hinter den Prognosen zurück.

Dass sich das Verkaufsfeuerwerk der ersten MX-5-Jahre fast eine Dekade später nicht würde wiederholen können, war nach Lage der Dinge zu erwarten gewesen. Insofern herrschte allseits Zufriedenheit über die erreichten Zahlen, denn sie zeigten, dass das Gesamtpaket des kompakten Roadsters, trotz veränderter Wettbewerbssituation, auch in Richtung Jahrtausendwende noch zigtausend Kunden ansprach.

Das in Japan angebotene »VS«-Ausstattungspaket sollte Kunden ansprechen, denen der Sinn weniger nach sportlicher als nach luxuriöser Anmutung stand.

Ein MX-5 Miata war auf den nordamerikanischen Märkten ausschließlich mit dem großen Motor zu haben. Das abgebildete Exemplar ist zudem mit dem sogenannten »Leather Package« ausgestattet.

1999
Eine Rekordmarke zum Feiern

Nach dem im Vorjahr insgesamt sehr zufriedenstellend verlaufenen Marktstart der zweiten MX-5-Generation, bot der 8. Februar des neuen Jahres Gelegenheit innezuhalten: An diesem Tag lief im Fertigungskomplex Hiroshima das 500.000ste Exemplar seit dem Produktionsstart 1989 vom Band. Mit dieser sensationellen Bilanz festigte der MX-5 seine Position als meistgebauter Roadster aller Zeiten – und es war nicht abzusehen, dass irgendeiner seiner echten, oder besser gesagt: gefühlten, Konkurrenten jemals in solche Größenordnungen würde vordringen können.

Passend zu diesem Produktionsjubiläum legte man ein Sondermodell auf, das weltweit auf insgesamt 7500 Fahrzeuge limitiert war, 3700 davon waren für Europa reserviert. Mit seiner Bezeichnung hob es allerdings nicht auf die erreichte Gesamtstückzahl ab, sondern auf den im aktuellen Jahr ebenfalls anstehenden zehnten Geburtstag der MX-5-Baureihe. Das »10th Anniversary« genannte Editionsmodell zeichnete sich durch ein sehr individuell zusammengestelltes und dazu exklusives Ausstattungspaket aus. Wichtigstes äußeres Erkennungsmerkmal war die ausschließlich verfügbare Lackfarbe Nachtblau, die mit einem ebenfalls blauen Verdeck und entsprechender Persenning sowie Chromfelgen kombiniert war. Blau spielte auch bei der Gestaltung des Interieurs eine Rolle. So waren die Sitzmittelbahnen mit einem in dieser Farbe gehaltenen, wildlederartigen Material bezogen, während Sitzwangen und Kopfstützen mit schwarzem Leder ausgeschlagen waren. Das Nardi-Lederlenkrad sowie der Schaltknauf präsentieren sich auch in Schwarz-Blau.

An den »10th Anniversary«-Modellen fand sich diese Editionsplakette mit der jeweiligen Limitierungsnummer des Fahrzeugs.

In Sachen Fahrdynamik punkteten die Jubiläumsmodelle mit dem 140 PS/103 kW starken 1,9-Liter-Triebwerk und als Besonderheit mit dem neuen 6-Gang-Getriebe. Für eine sportlich-straffe Fahrwerksabstimmung sorgten serienmäßige Bilstein-Gasdruckstoßdämpfer. Die übrige Ausstattung entsprach dem normalen Standard der 1,9-Liter-Version. Auch zu Herzen gehende Details hatte man sich einfallen lassen: Da gab es zum Beispiel eine spezielle Jubiläumsplakette neben dem vorderen Radkasten, auf der die Limitierungsnummer des jeweiligen Fahrzeugs verzeichnet war. Außerdem erhielt jeder Käufer eine vom damaligen Mazda-Präsidenten James E. Miller unterzeichnete Urkunde, auf der die Authentizität eines jeden ausgelieferten

Das 1999 aufgelegte Jubiläums-Sondermodell »10th Anniversary« glänzte im wahrsten Sinne des Wortes mit einem edlen Erscheinungsbild.

Die blau-schwarze Farbcodierung zog sich auch durch die Interieurgestaltung und sorgte für einen individuellen Auftritt.

Nach Deutschland kamen 1500 der »10th Anniversary«-Modelle, die sich – trotz der etwas amerikanisierten Chromfelgen-Optik – als Topseller erwiesen. Inzwischen sind sie zu echten Sammlerstücken geworden.

»10th Anniversary«-Modells bestätigt wurde – kein Wunder, dass die deutsche Mazda-Vertretung in Leverkusen eher ein Verteilungs- denn ein Verkaufsproblem mit den für sie reservierten 1500 Exemplaren hatte.

Recht ungewöhnlich für die Vertriebsgepflogenheiten in Deutschland war, dass im Verlauf des Jahres neben dem global angebotenen Jubiläumsmodell noch zwei weitere Sondermodelle lanciert wurden, obwohl es solcher verkaufsfördernder Maßnahme eigentlich nicht bedurft hätte. Als erstes kam im Mai der ebenfalls limitierte MX-5 »Magic« auf den Markt, der in identischer Ausführung, aber unter anderen Zusatzbezeichnungen, auch in Großbritannien, den Niederlanden, der Schweiz und Österreich eingeführt wurde. Kennzeichen des Editionsmodells waren drei zur Wahl stehende gedeckte Metallictöne in Grün, Blau und Schwarz mit jeweils kontrastierender beigefarbener Lederausstattung samt ebenfalls beigem Dach. Die Interieurgestaltung war durch ein Nardi-Lenkrad mit hölzernem Kranz sowie ebenso in Holz ausgeführte Details wie Schalthebelknauf und Handbremsgriff etwas im klassischen »British style« gehalten. Für Deutschland war die »Magic«-Ausstattung auf 1900 Einheiten limitiert und mit beiden Motorisierungsvarianten kombinierbar, wobei nur 400 auf das stärkere Modell entfielen. Die Preise begannen bei gut 41.000,– DM für die 1,6-Liter-Ausführung.

Nicht einmal sechs Monate später, im Oktober, wurde – und das nur hierzulande – mit dem Editionsmodell »Four Seasons«, sprich: vier Jahreszeiten, auch noch einmal besonders auf die unbedingte Ganzjahrestauglichkeit des MX-5 abgehoben. Die serienmäßigen Ausstattungsumfänge sowohl des 1,6- wie des 1,9-Liter-Modells bleiben dabei unangetastet, wurden aber um ein in Wagenfarbe lackiertes Hardtop sowie einen Schalenkofferset von Samsonite erweitert. Etwas mehr als 2200 dieser Sonder-

Das in Deutschland unter der Zusatzbezeichnung »Magic« laufende limitierte Sondermodell wurde auf verschiedenen europäischen Märkten unter jeweils anderen Namen angeboten.

Der Gigant Toyota hatte auch mit der 2. Generation seines Mittelmotorsportlers MR2 (links) dem MX-5 nichts entgegenzusetzen. Dagegen war der neue MR2 als mittelmotorisiertes Vollcabrio schon eher ein potenzieller Konkurrent.

modelle wurden in Deutschland verkauft, ebenfalls zu Preisen ab gut 41.000,– DM.

Stichwort Oktober: Bis zum Herbst 1999 hatte sich erwartungsgemäß auch die Wettbewerbssituation für die zweite MX-5-Generation wieder weiterentwickelt. Bisher war es dem kompakten Roadster noch stets gelungen, alle Versuche, ihn vom Stückzahlthron in seinem Segment zu stoßen, locker auszusitzen. Kein MG F, kein Fiat Barchetta, kein Alfa Spider und auch kein BMW Z3 hatte, über alles betrachtet, dem kleinen Mazda größere Marktanteile streitig machen können. Natürlich verteilten sich inzwischen mehr Cabrio- und Roadstermodelle verschiedenster Hersteller auf eine nicht beliebig vermehrbare Zielgruppe, aber der MX-5 blieb international weiterhin der bestverkaufte offene Sportwagen. Dennoch wollten nun weitere renommierte Marken, wenn auch leicht verspätet, ein Stück vom Cabrio-Kuchen abhaben. Neben Mazdas japanischem Konkurrenten Toyota, der mit der ersten Generation der Mittelmotor-Baureihe MR2 bereits vier Jahre vor dem MX-5 auf den Markt gekommen war und nun schon mit der stark veränderten dritten Evolutionsstufe endlich nach mehr Käufern suchte, hatte auch Audi mit der im August vorgestellten Roadster-Version seines TT gewisse Ambitionen gezeigt. Während der neue MR2 im Unterschied zu seinen beide Vorgängergenerationen erstmals als echter Roadster ausgelegt war und sich auch mit seinem Leistungsvolumen von 140 PS/103 kW und seinem Gewicht wieder exakt im MX-5-Fenster bewegte, richtete sich der konventionell konzipierte Audi mit seinem Frontantrieb weniger an eine hohe Fahragilität schätzende Klientel als an eine, die eher an Bequemlichkeit und Komfort interessiert war. Auch leistungsmäßig und preislich lag er deutlich über dem Mazda und war insofern kein direkter Wettbewerber. Das galt in noch stärkerem Maß für den bereits seit April des Jahres erhältlichen

Audis TT Roadster war sicher ein kompetentes Auto, visierte mit seinem Grundkonzept aber andere Kundenkreise an, als sie der MX-5 hatte.

Honda S2000, der mit seinem 241 PS/177 kW starken Hochdrehzahl-Vierzylinder in ganz anderen Sphären unterwegs war.

Da sich der neue MR2, der in seinem Zuschnitt klar auf die Gruppe der MX-5-Interessenten abzielte und dem Mazda durchaus hätte gefährlich werden können, ganz markenuntypisch von Beginn an ziemlich schwerwiegende technische Probleme leistete, konnte man sich in Hiroshima erst einmal entspannt zurücklehnen. Zwar gab es im Vergleich zu 1998 bei der Jahresabsatzbilanz in den USA geringfügig schlechtere und vor allem auf dem japanischen Heimmarkt sogar wieder dramatisch einbrechende, das heißt mehr als halbierte, Verkaufszahlen zu vermelden, doch wurde das durch einen neuen, sensationellen Rekord in Europa kompensiert. Getrieben vor allem vom deutschen Markt, der allein fast 9300 Fahrzeuge aufnahm, avancierte der alte Kontinent mit einem Gesamtergebnis von über 21.000 Einheiten erstmals in der Geschichte der Roadster-Baureihe zum wichtigsten Vertriebsgebiet für den MX-5. Dieser Erfolg in Europa, den Mazda auch bei vielen anderen dort angebotenen Fahrzeugen des Programms verzeichnen konnte, trug wesentlich dazu bei, dass das Unternehmen, nach sechs Jahren in Folge mit roten Zahlen, erstmals wieder ordentliche Gewinne erwirtschaftete.

Neue Initiativen, Sondermodelle und Modellvarianten des MX-5 sollten nun für das Jahr des Jahrtausendwechsels die Situation auch auf den bisherigen Kernmärkten wieder ins Positive wenden.

Auch Honda ließ es sich nicht nehmen, mit dem bärenstarken S2000 nach Jahrzehnten wieder einmal ein Cabrio auf den Markt zu bringen.

2000

Stabil auf hohem Niveau

Es war schon ein erstaunliches Phänomen: Mit dem Wechsel zu den 2000er-Jahren hatte der seit über zehn Jahren im Grunde unverändert gebaute MX-5 mehr potenzielle Wettbewerber als jemals zuvor, und doch fand er – zumindest in Europa – so viele

Toyota hatte den neuen MR2 in nahezu jeder Hinsicht ziemlich exakt gegen den MX-5 positioniert und verfolgte dabei auch eine offensive Preispolitik.

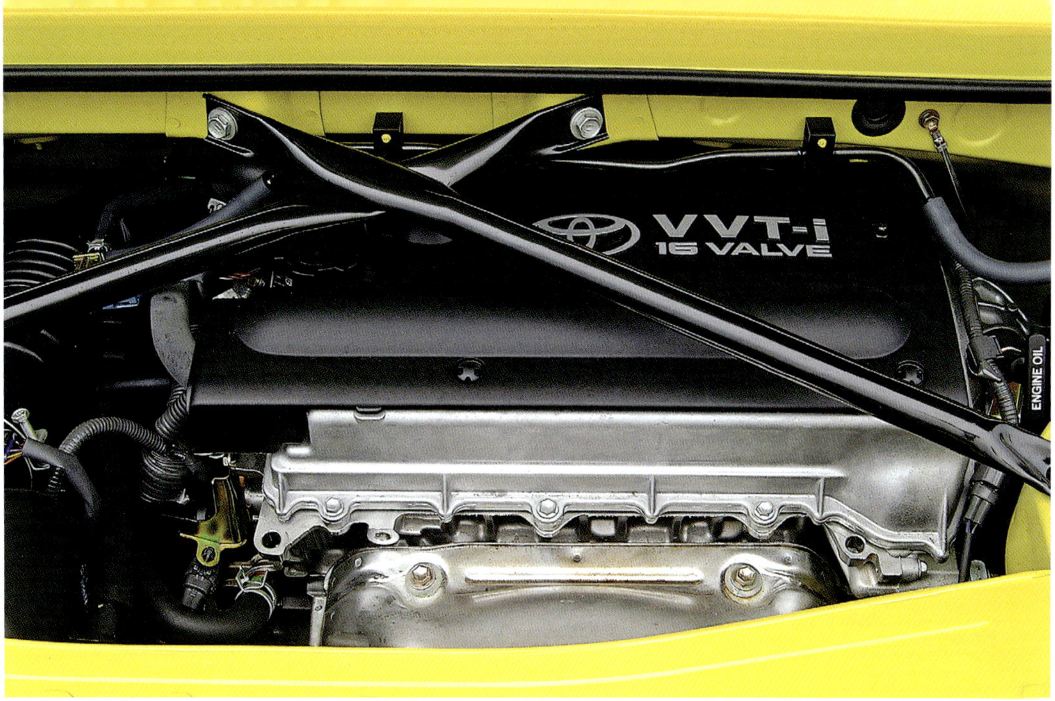

2000

Toyotas Mittelmotor-Cabrio wurde zum Serienstart von Motorenproblemen heimgesucht, deren Hintergründe nie wirklich aufgeklärt wurden und umfassende Kulanzleistungen nach sich zogen. Der MR2 erlitt dadurch einen nachhaltigen Reputationsschaden, von dem er sich nicht mehr erholte. Den Mazda-Mannen konnte das nur recht sein ...

Käufer wie noch nie. Das durften die Produktentwickler und Marketingstrategen in Hiroshima getrost dem einzigartigen und nach wie vor überzeugenden Gesamtkonzept des Roadsters zuschreiben, dessen spezielle Qualitäten bei den Interessenten stärker punkteten als es bei den Konkurrenten der Fall war. In wenigstens einem Fall spielten dem MX-5 aber auch unerwartete Schwächen von Wettbewerbern in die Hände. Der neue Toyota MR2 Roadster, in Japan MR-S und in den USA MR2 Spyder genannt, produzierte von Beginn an mehr Negativschlagzeilen als seinem Hersteller lieb sein konnte: Zum einen war die Optik des kompakten, 140 PS/103 kW starken und etwa 1050 kg leichten Mittelmotor-Sportlers durchaus Geschmackssache, vor allem aber kam es bereits kurz nach dem Marktstart in Kundenhand zu erheblichen Problemen mit dem an sich bekannten und bewährten 1,8-Liter-Sechszehnventil-Vierzylinder hinter den Sitzen. Ob die Schwierigkeiten nun konstruktions-, material- oder fertigungsbedingte Hintergründe hatten, blieb im Wesentlichen unklar. Tatsächlich sprach man aber davon, dass bis zu 30 % der ausgelieferten Fahrzeuge schon nach kurzer Laufzeit kapitale Motorschäden erlitten. Zwar zeigte sich Toyota den Kunden gegenüber großzügig und kulant, was die Regulierung der Schäden anging, aber der Ruf des Wagens war, trotz aller Bemühungen seines Herstellers, auch für die Folgejahre einigermaßen beschädigt.

Angesichts der positiven Geschäftszahlen konnte man bei Mazda gutgelaunt ins neue Jahrtausend starten. Auf der Los Angeles Auto Show im Januar zeigte sich dies vor allem am Miata Mono-Posto, einem hochattraktiv gestalteten einsitzigen Konzeptfahrzeug auf MX-5- bzw. Miata-Basis, das die Rennsportgene des Roadsters hervorhob. Die Karosserie der Studie war eindeutig als »MX-5« zu identifizieren, präsentierte sich aber konsequent gestrippt mit bis auf den Fahrerplatz komplett abgedecktem Innenraum, vor dessen Öffnung vorne ein kaum handbreiter Windabweiser angebracht war. Die komplette Außenhaut war aerodynamisch geglättet, und auf der Motorhaube befand sich ein kleiner NACA-Lufteinlass. Auffällig waren die leicht herausmodellierten, verbreiterten Radausschnitte, unter denen hochpolierte 18-Zoll-Felgen mit fetten Super-Niederquerschnittsreifen dank satter Tieferlegung geradezu hervorquollen. Das Heck kennzeichnete ein zentral angeordnetes Auspuffendstück.

Im Innenraum wurde stylische Funktionalität à la Motorsport zelebriert. Vom MX-5 war hier nichts mehr übriggeblieben. Stattdessen dominierten ein neues Instrumentenarrangement, ein blaues Rennlenkrad mit oben offenem, wildlederbezogenen Kranz, sowie ein ebenfalls blauer Rennschalensitz des britischen Herstellers Sparco. Während optisch typische Clubsport-Atmosphäre herrschte, begnügte man sich auf technischer Seite mit eher klassischen Tuningmaßnahmen. Das 1,9-Liter-Serientriebwerk hatte einen Turbolader spendiert bekommen, der die Leistung des Vierzylinders auf 190 PS/140 kW und sein Drehmomentmaximum auf immerhin 330 Nm pushte. Bedauerlicherweise teilte der Mono-Posto, so publikumswirksam und realitätsnah er auch gestaltet war, das Schicksal der meisten Konzeptfahrzeuge und blieb nur eine Fingerübung der Mazda-Designbüros, die keine erkennbaren Folgen für die weitere Geschichte des MX-5 hatte.

Wichtiger als solche PR-Maßnahmen war jedoch, dass die bedeutendsten Märkte in ihren Aktivitäten getrost auf Kontinuität setzen konnten, da auch die zweite Generation des Kompakt-

Die knallrote »Mono-Posto«-Studie sollte mit ihrer Rennsportoptik demonstrieren, welche Möglichkeiten nach wie vor im MX-5 steckten.

Roadsters aus Hiroshima nahezu weltweit auf ungebrochene Nachfrage stieß. Neu war jedoch, dass Mazda, vermutlich aus Effizienz- und Kostengründen, allmählich dazu überging, neue Sondermodelle überwiegend allein zu kreieren und deren Ausstattungsart und -umfang nicht mehr allein den einzelnen Zielmärkten zu überlassen. So erschien als interessanteste Version das in den USA Miata »Special Edition« genannte Modell in Deutschland als MX-5 »Miracle« und in Großbritannien als MX-5 »Icon«. Es war unter anderem mit 6-Gang-Getriebe, polierten Alufelgen, einem Torsen-Sperrdifferenzial, exklusiven Sonderlackierungen und einer Fülle weiterer sportlich-edler Leckereien ausgestattet. Hinzukamen in Deutschland und Großbritannien die in einem gelben Sonderfarbton gehaltenen Editionsmodelle namens »California«, die mit Vollausstattung

Der britische MX-5 »Icon« hieß in Deutschland »Miracle«; beide Sondermodelle präsentierten sich mit einem umfangreichen Ausstattungspaket, das neben dem 6-Gang-Getriebe auch ein Torsen-Sperrdifferenzial beinhaltete.

den Absatz der 1,6-Liter-Motorisierung fördern sollten. Nach bekannter Art individuell spezifiziert, kam es hierzulande jedoch auch noch einmal zu einer Neuauflage jener Sondermodelle, die in der kalten Jahreszeit 1998/99 und 1999/00 unter der Bezeichnung »Four Seasons« angeboten worden waren. Die mit Hardtop versehenen Editionsfahrzeuge standen nun als »All Seasons« in der Preisliste. Darüber hinaus gab es in Großbritannien mit zwei unterschiedlich lackierten Versionen des MX-5 »Jasper Conran« namens »Black« und »Platinum« auf den eigenen Markt zugeschnittene, auf 400 bzw. 100 Exemplare limitierte Sonderausführungen, bei denen der auf der Insel populäre Designer Hand an die Interieurgestaltung gelegt hatte.

Alle diese Maßnahmen hielten die Absatzzahlen auf insgesamt hohem Niveau. In den USA gelang im ersten Jahr des

Auch bekannte Designer sonnten sich gerne im Erfolg des MX-5: Zum Beispiel der Brite Jasper Conran, der bei der Gestaltung der nach ihm benannten Editionsmodelle mitgewirkt hatte.

neuen Milleniums sogar eine Steigerung um rund 500 Fahrzeuge gegenüber 1999, während in Europa ein leichter Aderlass in der Größenordnung von 10 % gegenüber dem Vorjahresrekord zu verzeichnen war, und der japanische Heimmarkt weiterhin schwach blieb. Fest stand zum Jahresausklang jedoch, dass der Toyota MR2 weder in den USA noch in Europa dem MX-5 erkennbar Marktanteile hatte streitig machen können. In seinem Premierenjahr, das mit der Markteinführung im März begann, entschieden sich auf dem US-Markt gut 7200 Interessenten für den Mittelmotor-Roadster von Toyota, womit er keinen Stich gegen den MX-5 mit über 18.000 Verkäufen machte – und das Premierenjahr sollte sich aufgrund der auftretenden Technikprobleme noch als das stärkste des MR2 erweisen.

2001
Zeitiger Facelift

Bereits im Sommer 2000 hatte Mazda eine umfassende Modellpflege für die zweite MX-5-Generation angekündigt – erstaunlich früh für die erst seit rund zwei Jahren auf dem Markt befindlichen Fahrzeuge. Über die Hintergründe der sehr zeitigen Aktualisierung kann man nur spekulieren. Vermutlich waren sich die Verantwortlichen nur allzu bewusst, dass man die überraschend hohen Verkaufszahlen auf inzwischen vollkommen veränderten Märkten nicht als Selbstläufer betrachten durfte. Um ein über zehn Jahre altes und dazu noch sehr spezielles Fahrzeugkonzept weiterhin attraktiv zu halten, durfte man es nicht sich selbst überlassen, sondern musste es konsequent, aber behutsam, auf der Höhe der Zeit halten.

Der überarbeitete MX-5, zur Unterscheidung intern als NB2 oder auch NB-FL (wie Facelift) bezeichnet, gelangte erst Anfang 2001 in die Verkaufsräume der deutschen Mazda-Händler. Bei näherer Betrachtung wurde schnell klar, dass der eigentliche Facelift, also modernisierende Retuschen an der Optik von Exterieur und Interieur, nur ein kleiner Teil der Modellpflegemaßnahmen war. Der Roadster hatte in Tat und Wahrheit von einer Fülle an Aktualisierungen profitiert, die bei neugestalteten Scheinwerfern begannen und mit der Einführung einer variablen Ventilsteuerung samt einhergehender Leistungssteigerung am 1,9-Liter-Triebwerk noch lange nicht endeten.

Einer der Entwicklungsschwerpunkte war die weitere strukturelle Stabilisierung der Rohkarosse. Dies diente, insbesondere bei einem Roadster wie dem MX-5, zum einen einer höheren passiven Unfallsicherheit und zum anderen einem noch präziseren Fahrverhalten. Offizielle Angaben sprachen von einer um 16 % größeren Biege- sowie einer um 22 % gesteigerten Verwindungssteifigkeit gegenüber dem bisherigen NB. Während sich diese Maßnahmen bei einer äußeren Betrachtung des überarbeiteten Modells den Blicken entzogen, waren die stilistische Modifikationen an der Außenhaut jedoch sofort erkennbar. Gleichwohl waren diese nicht vordergründig, sondern äußerst behutsam und

Die zügige Modellpflege des Jahres 2001 machte aus den NB- intern die NB2-Modelle. Deren zahlreiche Verfeinerungen spielten sich vielfach unter der Außenhaut ab.

Etwas schärfer geschnitten präsentierten sich die Scheinwerfer, und die Form des Kühllufteinlasses entsprach nun stärker der Mazda-Designsprache.

An der grundlegenden Gestaltung des Innenraums änderte die Modellpflege glücklicherweise nichts. Es gab nur eine Reihe von Detailverbesserungen.

im Einklang mit der bislang gültigen Designsprache ausgefallen. Die auffälligsten Retuschen erhielt die Front des MX-5, wobei es den Mazda-Verantwortlichen offenbar besonders wichtig war, dass der veränderte Umriss des Kühllufteinlasses nun eine stärkere Zugehörigkeit zum sogenannten »five-point grille« der übrigen Mazda Pkw-Familie signalisierte. Ebenfalls neu waren hier die nun stärker mandelförmig geformten Klarglas-Scheinwerfereinheiten, die jetzt Ellipsoidlinsen und eine getrennte Blinkleuchte enthielten. Auf machen Märkten, so auch in Deutschland, gehörten neuerdings Nebelleuchten, die beidseitig der Kühlluftöffnung in tiefen Höhlungen versenkt untergebracht waren, zum Serienumfang. Auch am ansonsten unveränderten Heck kamen leicht anders geformte Leuchteinheiten mit neuer und sich je nach Exportmarkt unterscheidender Aufteilung der einzelnen Funktionselemente zum Einsatz.

Deutlich vielfältigere Neuerungen als am Exterieur gab es jedoch im Innenraum des MX-5 zu registrieren. Hier fielen zunächst an der Armaturentafel die modernisierten Instrumente mit ihren nun weißen Zifferblättern und roter Beleuchtung auf. Weiterhin gab es neu gestaltete Türverkleidungen, neue, besseren

Auffällig und hübsch, aber nicht in jeder Hinsicht praxistauglich, waren die neuen weißen Zifferblätter der Instrumente, die nachts rot beleuchtet wurden.

Neue Türverkleidungen waren, wie neue Sitze, ebenfalls Teil der Modellpflegemaßnahmen und sorgten für ein Mehr an Komfort.

Halt bietende Sitze, eine etwas voluminösere Mittelkonsole und praxisgerechter arrangierte Ablagen. Den gestiegenen Anforderungen der Kundschaft angepasst wurden auch die verfügbaren Audiosysteme. Nach übereinstimmender Ansicht der ersten Tester resultierten die umgesetzten Maßnahmen in einer noch überzeugenderen Praxistauglichkeit des Roadsters.

Das galt im Übrigen auch für die technische Seite der Modellpflege. Hier hatte zweifellos der 1,9-Liter-Motor im Fokus gestanden, obwohl es an dessen Leistungsdaten und grundsätzlicher Charakteristik nach wie vor nichts zu mäkeln gab. Dennoch boten gewisse Branchentrends Anlass zu einer umfassenderen Aktualisierung des Triebwerks. Hierzu gehörte die mittlerweile auf breiter Front in die Motorenentwicklung eingeflossene Technologie der variablen Ventilsteuerung. Mit deren Hilfe sollten Laufcharakteristik und Drehmomentverhalten eines Motors fühlbar verbessert und gleichzeitig positive Effekte für den Kraftstoffverbrauch und die Emissionsbilanz erzielt werden – in Europa zum Beispiel die Einhaltung der Euro-3-Abgasnorm. Bei Mazda hieß das nun auch in der 1,9-Liter-Version des MX-5 eingeführte System »Sequential Valve Timing«, kurz: S-VT. Es variierte die Steuerzeiten der Einlassventile, indem die entsprechende Nockenwelle unter Einsatz von Hydraulikdruck eine leichte Drehbewegung ausführte. Als Resultat dieser Maßnahme versprach man in offiziellen Verlautbarungen eine Leistungsausbeute von 160 PS/118 kW, die bei 7000/min anliegen sollten.

Dies erwies sich jedoch als voreilig und brachte die Mannen in Hiroshima in einige Probleme wegen unzutreffender Werbeaussagen, denn tatsächlich lieferten die S-VT-Triebwerke, je nach marktspezifischer Ausführung, nur zwischen 142 PS/104 kW, wie in den USA, und 152 PS/112 kW, wie in Japan und Australien. Die ECE-Version für Europa stellte 146 PS/107 kW bei ebenfalls

Der bewährte 1,9-Liter-Vierzylinder wurde mit einer »S-VT« genannten variablen Steuerung der Einlassventile ausgerüstet, die in Europa eine Leistungssteigerung auf offizielle 146 PS/107 kW nach sich zog. Ursprünglich hatten die Entwickler hier deutlich höhere Zahlen in den Raum gestellt, mussten dann aber zurückrudern.

Die in Japan erhältliche »RS-II«-Ausführung war stets mit dem größeren Motor und einem 6-Gang-Getriebe ausgestattet.

Auch die aufpreispflichtigen 17-Zoll-Felgen standen, wie an diesem US-Modell zu sehen, dem überarbeiteten MX-5 ausgesprochen gut.

7000/min bereit. Da sich der Kraftzuwachs hierzulande also in engen Grenzen hielt, konnten die Fachmedien bei Testfahrten auch keinen nennenswerten Unterschied in puncto Dynamik zum vorherigen Motor feststellen. Positiv fielen allerdings der verbesserte Durchzug im unteren und mittleren Drehzahlbereich sowie der um etwa 10 % reduzierte Kraftstoffkonsum des Roadsters auf.

Angesichts der – wenn auch nur leicht – gestiegenen Motorleistung standen die MX-5-Entwickler natürlich nicht an, auch am Fahrwerk Veränderungen vorzunehmen. Diese betrafen allerdings nur die auf den unterschiedlichen Märkten mit unterschiedlichen Ausstattungspaketen angebotenen Topmodelle, die in Japan die Zusatzbezeichnung »RS« und »RS-II«, in den USA »LS« und in Deutschland »1.9 Sportive« trugen. Ihnen gemeinsam waren unter anderem neue, 6,5 Zoll breite Leichtmetallräder mit Niederquerschnittsreifen im Format 205/45 R 16, das 6-Gang-Getriebe, eine verstärkte Bremsanlage, eine vordere Domstrebe als Rohbauversteifung, ein Sperrdifferenzial, beheizbare Ledersitze und ein Sportfahrwerk mit Bilstein-Dämpfern. Obwohl alle diese Goodies über die diversen Modellpflegemaßnahmen hinaus das Fahrzeuggewicht des MX-5 weiter in die Höhe schraubten – für den deutschen »1.9 Sportive« nannte Mazda, je nach Zusatzausstattung, nun offiziell ein Leergewicht von 1175 bis 1224 Kilogramm –, sorgte

Die in Nordamerika angebotene »LS«-Ausstattung entsprach mit ihren 16-Zoll-Felgen und einem Nardi-Lenkrad weitestgehend der japanischen »RS-II«- und der deutschen »1.9 Sportive«-Ausführung.

diese sportlich geschärfte Auslegung dafür, dass der MX-5 auch in seinem modernisierten Outfit ganz bei sich blieb. Kein einziger Tester hier oder anderswo klagte über irgendwelche bedenklichen Fahrspaß- oder Sympathieeinbußen beim NB-FL gegenüber seinen älteren Brüdern – ganz im Gegenteil: Allenthalben wurde vor dem Hintergrund der Aktualisierung die noch größere Harmonie und Stimmigkeit des Gesamtpakets gelobt. Einzig die irgendwie verlorengegangenen PS/kW des S-VT-Motors betrauerte man inständig.

Unverändert blieben dagegen die Marketingstrategien auf den diversen internationalen Märkten, und natürlich hoffte man bei Mazda, dass das seit 1998 erreichte hohe Stückzahlniveau auch nach der Modellpflege mindestens beibehalten werden könnte. Mittel der Wahl bei den globalen Verkaufsorganisationen blieb entweder das Angebot von jeweils unterschiedlich ausgestatteten Modellversionen mit eigener Zusatzbezeichnung und/oder die Präsentation von limitierten Sondermodellen, die einen zusätzlichen Kaufanreiz bieten sollten. Auf dem japanischen Heimmarkt zog man es vor, für die Käuferzielgruppe ein breites Spektrum von MX-5-Versionen vorzuhalten: Da gab es neben dem kleinen Modell namens »M« oder »SP« mit 1,6-Liter-Motor, der hier auf 125 PS/92 kW spezifiziert war, ein Grundmodell »1800S« mit dem größeren Triebwerk, für das auch die oben bereits erwähnten Ausführungen »RS«, »RS-II« sowie alternativ »VS« bereitstanden – mit entweder eher sportlich oder eher komfortabel zugeschnittenen Ausstattungsumfängen zu unterschiedlichen Einstandspreisen.

In Nordamerika, wo seit einiger Zeit ausschließlich der S-VT-Motor angeboten wurde, beschränkte sich die Auswahl auf das Grundmodell und die ebenfalls schon angesprochene, sportlich spezifizierte »LS«-Version. Als Editionsmodell kam im Frühjahr noch der Miata »Special Edition« mit zahlreichen Ausstattungs-Highlights auf den Markt. Parallel dazu verlegte man sich zunehmend auf die Strategie, durch ein umfassendes Zubehörangebot weitere Begehrlichkeiten bei Miata- bzw. MX-5-Besitzern zu wecken. Hier gab es beispielsweise Nettigkeiten wie CD-Wechsler, eine Persenning zur vollständigen Abdeckung des Innenraums bei geöffnetem Dach, ein Kit zum Umbau auf eine Armaturentafel im Holzdekor oder einen Tankdeckel in Rennoptik.

In Deutschland, das sich hinter den USA als weltweit zweitstärkster Markt für den Mazda Roadster etabliert hatte, beschränkte sich das Angebot auf den 1,6-Liter, den normalen

Die hochwertigste und folglich teuerste Ausführung des MX-5 Miata in den USA und Kanada trug die Bezeichnung »Special Edition«. Ohnehin nur mit dem starken S-VT-Motor ausgerüstet, war sie umfassend ausgestattet, unter anderem mit diesen in Glanzoptik gehaltenen filigranen Leichtmetallrädern von Enkei.

Auf dem deutschen Markt wurde noch 2001 das Sondermodell »Memories« angeboten – dann beherrschten plötzlich ganz andere Themen die allgemeine Wahrnehmung ...

1,9-Liter und das Topmodell »1.9 Sportive«, die beiden Letzteren jeweils mit dem S-VT-Motor unter der Haube und serienmäßig mit dem Touring-Paket versehen, das für den 1,6-Liter als Extra verfügbar war. Die Optionenliste war nach wie vor kurz und umfasste im Wesentlichen eines der immer stärker aufkommenden Navigationssysteme, das Hardtop und Metalliclack bzw. die modische Lackierung in Schwarz. Neu war ebenfalls, dass hierzulande, wie schon seit Jahren in Japan und Nordamerika, der große Motor auch in Verbindung mit einer 4-Gang-Automatik angeboten wurde. In diesem Fall war der S-VT-Vierzylinder auf 139 PS/102 kW gedrosselt. Zwar sprach eine Pressemitteilung von Mazda Deutschland seinerzeit davon, dass die Automatik-Option auf »vielfältigen Wunsch der Verbraucher« ins Programm aufgenommen worden sei, und es wurde auch ein offizieller Verkaufspreis für diese Version kommuniziert, aber im weiteren Verlauf verschwand sie wieder in der Versenkung und wurde Ende 2002 bis auf Weiteres gänzlich aus dem Programm gestrichen – wie man vermuten darf, war der Wunsch danach wohl doch nicht so heiß und innig gewesen wie anfangs postuliert ...

Kurz nach dem Start des Facelift-NB kam in Deutschland auch ein erstes limitiertes Sondermodell des aktualisierten MX-5 auf den Markt. Es hieß »Memories«, war mit beiden Motorisierungen zu haben und zeichnete sich, wie schon einige seiner unter anderem Namen vermarkteten Vorgänger, nebst umfangreicher Ausstattung beispielsweise durch eine elegante Farbgebung in dunklen Metallictönen und eine dazu kontrastierende beigefarbene Lederausstattung sowie ein Lenkrad mit hölzernem – oder hölzern scheinendem – Kranz aus.

Dass am Jahresende die Absatzbilanz des Roadsters auf den wichtigsten Märkten trotz der Modellpflege schlechter ausfiel als nach solchen Maßnahmen üblich, hatte verschiedene Gründe. Da war zunächst ein selbstgemachter: Dass gerade Mal zwei Jahre nach Einführung der langerwarteten zweiten MX-5-Generation am neuen Modell schon ein umfassendes Facelifting vorgenommen wurde, war sicher eine etwas unglückliche Maßnahme – schließlich hatten zahlreiche Kunden viel Geduld aufgebracht und sich gerade erst einen NB zugelegt, was die Gruppe der Kaufaspiranten für den NB-FL naturgemäß verkleinerte und, ganz nebenbei, auch für eine gewisse Stimmungseintrübung bei den NB-Käufern sorgte. Darüber hinaus legte sich ein folgenreiches Ereignis, der Terroranschlag am 9. September 2001 auf das World Trade Center in New York, wie ein tiefer Schatten auf die Gemüter der Menschen und zog in der Folge einen zeitweisen Einbruch der Weltwirtschaft nach sich. Dass trotz all dieser Einflussgrößen die Verkaufszahlen eines Spaßmobils wie des MX-5 in Europa und vor allem in den USA letztlich nur um rund 10 % gegenüber dem Vorjahr zurückgingen, war überaus erstaunlich, aber unter den gegebenen Umständen war es für niemanden zu prognostizieren, wie sich die Dinge weiterentwickeln würden.

2002
Blick nach vorn (in Europa)

Zum Glück behielten die Schwarzmaler nicht in vollem Umfang Recht, und zumindest auf dem alten Kontinent, insbesondere den Kernmärkten Deutschland und Großbritannien, erwiesen sich die Verkaufseinbrüche für den MX-5, wie das aktuelle Jahr zeigen sollte, nur als vorübergehend. Für alle Fälle entfaltete man bei der deutschen Mazda Niederlassung in Leverkusen flankierend zahlreiche Initiativen und »buchte« sozusagen in Japan mehr Sondermodell-Kontingente für den hiesigen Markt als jemals zuvor, um ergänzende Kaufanreize zu setzen. Wie schon erwähnt, versuchte man bei Mazda schon seit einiger Zeit, dieses Thema zentral von Hiroshima aus und damit effizienter zu steuern. Die einzigen substanziellen Unterschiede zwischen den Editionsfahrzeugen für die interessierten Märkte lagen in der zumeist anderen Namensgebung für das gleiche Produkt.

Das galt zum Beispiel auch für drei der vier 2002 in Deutschland präsentierten Sondermodelle. Es begann hier im März mit dem MX-5 »Phoenix«, der wiederum in beiden Motorisierungsvarianten erhältlich war und neben üblichen Merkmalen wie Sonderfarbe und Ledersitzen unter anderem auch mit diversem Chromdekor im Innenraum und exklusiven 15-Zoll-Leichtmetallfelgen aufwartete. Erstmals gehörten zum Paket auch hinter den beiden Sitzen montierte und verchromte Einzel-Schmuckbügel sowie ein Chromgepäckträger auf dem Kofferraumdeckel. Je nach Zielmarkt wurde dieses Editionsmodell unter Bezeichnungen wie »Limited«, »Evolv«, »Magic«, »Titanium«, »Emotion« und anderen vertrieben. Bereits zwei Monate später erschien zum Saisonstart das zweite Sondermodell mit Namen MX-5 »Sunracer«, das auf den britischen Inseln als »Arizona« angeboten wurde. Es war nur in Verbindung mit dem 1,6-Liter-Triebwerk zu haben und sollte mit einem umfassenden

Das auch auf dem deutschen Markt eingeführte Sondermodell »Sunracer« startete im Vereinigten Königreich unter der Bezeichnung »Arizona«.

Mit einer Sondermodell-Offensive versuchte Mazda in Deutschland die Verkaufseinbrüche nach dem 9/11-Anschlag in New York zu stoppen, zum Beispiel mit dem Modell »Phoenix«.

In Australien wurde dieses Editionsmodell, entsprechend seiner Lackfarbe, als »Titanium« bezeichnet, war aber mit anderen Felgen bestückt.

»Sunracer« und »Arizona« waren ausschließlich mit dem 1,6-Liter-Motor zu haben und zeigten neben der gelben Lackierung auch im Innenraum vereinzelte gelbe Akzente.

Ausstattungspaket sowie einem Sonderlack in Gelbmetallic zur Absatzförderung beitragen. Chrombügel und Gepäckträger waren hier lediglich gegen Aufpreis zu bekommen.

Dem »Sunracer« folgte, ebenfalls in der Absicht, dem kleinen Motor mehr Aufmerksamkeit zu verschaffen, im Oktober das in Deutschland auf nur 333 Exemplare limitierte, ziemlich außergewöhnliche Editionsmodell »Trilogy«. Es war ausschließlich in schwarzem Sonderlack erhältlich und spielte im üppig ausstaffierten Innenraum ungewohnt expressiv mit den Farben Schwarz und Hellgrau. Die herausragende Besonderheit – nicht zuletzt mit Blick auf die wohl anvisierte, vornehmlich weibliche Zielgruppe – war aber ein mitgelieferter Schlüsselanhänger, der aus Sterlingsilber gefertigt war und in den zusätzlich drei Mini-Diamanten mit einem Gewicht von insgesamt 0,25 Karat eingelassen waren.

Den Abschluss in Sachen MX-5-Sondermodelle auf dem deutschen Markt machte zum Jahresende die Ausführung »Memories«, zur Unterscheidung vom gleichnamigen Modell aus dem Vorjahr auch »Memories II« genannt. Dabei handelte es sich erstaunlicherweise nicht um einen Neuaufguss der alten Version, sondern um ein ähnlich, aber noch umfangreicher spezifiziertes Ausstattungspaket, das in Verbindung mit beiden Motorisierungen geordert werden konnte.
Zum Jahresende durfte man bei Mazda in Leverkusen die nun erstmals auch in Deutschland mit Nachdruck angewandte Sondermodell-Strategie als vollauf gelungen betrachten: Trotz angespannter Zeitumstände war es gelungen, die Vorjahresverkäufe des MX-5 um über 10 % auf nahezu 7500 Fahrzeuge zu steigern, wovon nicht weniger als rund 4600 zu den vier angebotenen Editionsmodellen zählten. Noch stärker hatte im Vergleichszeitraum jedoch der britischen Markt zugelegt, auf dem die Verkaufszahlen auf über 7100 Exemplare fast verdoppelt werden konnten.

Von solchen positiven Entwicklungen konnte man in Japan und – verständlicherweise – in den USA nur träumen. Obwohl man während des Jahres auch dort jeweils versuchte, die Begeisterung für den Roadster trotz der schwierigen Zeiten unter anderem mit

Auf »Sunracer« und »Arizona« folgten auf beiden Märkten die »Trilogy«-Modelle, bei denen Mazda erstmals eine Zugabe in Form eines veredelten Schlüsselanhängers drauflegte.

einer neuen Markenpokal-Rennserie für den Breitensport und dem einen oder anderen Sondermodell einigermaßen hochzuhalten, verlor der NB-FL auf beiden Märkten weiter an Boden. In Japan musste mit nicht einmal mehr 3000 verkauften Fahrzeugen ein neues Allzeit-Verkaufstief zur Kenntnis genommen werden, während die Neuzulassungen in den USA um rund 15 % hinter denen von 2001 zurückblieben. Insgesamt aber kompensierte das unerwartet starke europäische Jahresergebnis fast vollständig die Einbußen auf den beiden traditionellen Hauptabsatzmärkten. Es schien, als wäre man in Europa auf dem besten Weg, hier künftig die Führungsrolle zu übernehmen – wenn der MX-5 weiterhin am Leben blieb und konsequent weiterentwickelt wurde.

Der MX-5 »Silver Blues« blieb 2003 das einzige in Deutschland angebotene Sondermodell – ein Indiz für das sich nähernde Ende der NB-Generation.

2003

Die Zukunft rückt näher

Bei Mazda in Hiroshima war man sich bewusst, dass fast anderthalb Jahrzehnte nach der Premiere des MX-5 zeitnah eine noch deutlich tiefgehender modernisierte Modellgeneration, als es der NB-FL gewesen war, an den Start rollen musste. Zum Glück waren die Kassen nun besser gefüllt als 1998, sodass man schon im März 2002 den Startschuss für die Neuentwicklung der dritten Evolutionsstufe namens NC hatte geben können – schließlich waren, ausweislich der weltweiten Verkaufszahlen, die Marktpotenziale des Kompakt-Roadsters immer noch viel zu groß, um den anderen Anbietern im Segment einfach das Feld zu überlassen. Automatisch bedeutete dies aber zugleich, dass die Aktivitäten, die der weiteren Pflege des NB-FL dienten, allmählich zurückgefahren wurden.

So verringerte sich auch die Gesamtzahl der Editionsmodelle deutlich. In den USA versuchte man dem MX-5 durch eine unter anderem um Domstrebe und 16-Zoll-Felgen erweiterte Serienausstattung ein noch sportlicheres Profil zu verleihen und dadurch weiter attraktiv zu halten. Einzige Editionsmodelle waren der neue Miata »Shinzen« und eine neue Version des Jahr für Jahr aktualisierten »Special Edition«-Modells. Wie üblich standen hier optische Reize im Vordergrund, beim »Shinzen« beispielsweise ein dunkelblaues Faltdach und weitere blaue Farbakzente nebst Aluminium-Zierteilen im Innenraum, und beim »SE« ein graues Stoffverdeck in Kombination mit einer Lackierung in Stratoblau Metallic und exklusiven 5-Speichen-Leichtmetallfelgen im 16-Zoll-Format. Abgerundet wurden solche Ausstattungspakete stets durch eine Fülle individueller Details wie spezielle Fußmatten, eine Alu-Pedalerie oder besondere Bezugsmaterialien im Interieur.

In Japan, wo der Absatz des NB-FL ohnehin latent schwächelte, beschränkte man sich auf nur ein Editionsmodell, den voll ausgestatteten »SG Limited«, von dem insgesamt lediglich 400 Exemplare entstanden, entweder mit 1,6-Liter-Motor und

Die »Silver Blues«-Ausführung war mit ihrem Ausstattungspaket weitgehend identisch mit dem in Japan angebotenen Modell »SG Limited«.

5-Gang-Getriebe oder mit dem 1,9-Liter-Triebwerk und 6-Gang-Getriebe. Trotz guter Zahlen ähnlich zurückhaltend wurde auch der deutsche Markt bedient. Hier blieb es in diesem Jahr ebenfalls bei nur einem Sondermodell. Es kam bereits im Februar, hieß »Silver Blues« und war in gleich zwei unterschiedlichen Exklusivfarbtönen, Stratoblau Metallic und Cerrionsilber Metallic, verfügbar. Bei näherer Betrachtung war es unter anderem mit dem »SG Limited« aus Japan und der aktuellen »Special Edition«-Ausführung, wie sie in den USA angeboten wurde, nahezu identisch.

Während diese Maßnahmen in Japan und den USA keine positiven Effekte für die Absatzzahlen nach sich zogen – auf dem heimischen Markt halbierten sich die MX-5-Verkäufe noch einmal auf nur noch rund 1500 Fahrzeuge, und in den USA gingen sie um etwa 30 % auf knapp 11.000 Fahrzeuge zurück –, blieb Europa mit insgesamt wiederum fast 19.000 Einheiten für Mazda ein Hort der Stabilität. Zwar galt es in Deutschland einen Verkaufsrückgang um etwa 20 % hinzunehmen, doch in Großbritannien, bzw. präzise gesprochen, dem Vereinigten Königreich, wurde mit fast 9100 neu zugelassenen Exemplaren, allen üblichen Branchentrends zuwiderlaufend, eine historische Bestmarke gesetzt.

Mit dieser insgesamt beruhigenden Absatzbilanz konnte man sich in Hiroshima nun getrost dem Generationswechsel der MX-5-Baureihe zuwenden, bis zu dem noch rund 15 Monate zu überbrücken waren. Man war sogar bereit, vor dem Ende des NB-FL auch noch einmal in eine kleine Modellpflegemaßnahme zu investieren und damit zu zeigen, wie sehr man den mittlerweile kultig gewordenen Roadster und seine Kunden wertschätzte.

2004

Denkwürdiger Produktionsrekord

Natürlich handelte es sich bei diesen Aktualisierungen am MX-5, die bereits Mitte September 2003 auf dem japanischen Markt in die Serie eingeflossen waren und im März 2004 auch in den für Deutschland bestimmten Modellen zum Tragen kamen, um nichts Tiefgreifendes, sondern um kleinere optische Retuschen oder, je nach Fahrzeugausführung, um Aufwertungen des Ausstattungsumfangs. Dazu gehörten unter anderem eine modifizierte Mittelkonsole samt diversen Zierteilen im Innenraum, die jetzt im Aluminiumlook gehalten waren, teilweise neue Sitzbezugsmaterialien, aber auch eine Reihe neuer Lackfarben und beim 1,9-Liter neu gestaltete 5-Speichen-Leichtmetallfelgen der Dimension 6,5 x 16 Zoll mit 205/45er-Bereifung. Auch die Musikanlage mit sechs Lautsprechern von Bose präsentierte sich überarbeitet und lieferte eine höhere Wattleistung, wobei beim großen Modell nun zwei Hochtöner in das Arrangement des Windschotts integriert waren.

Die leichte Überarbeitung, die auf dem japanischen Markt bereits im Herbst 2003 eingeführt wurde, brachte unter anderem für die Mittelkonsole neue Zierteile in Aluminiumoptik.

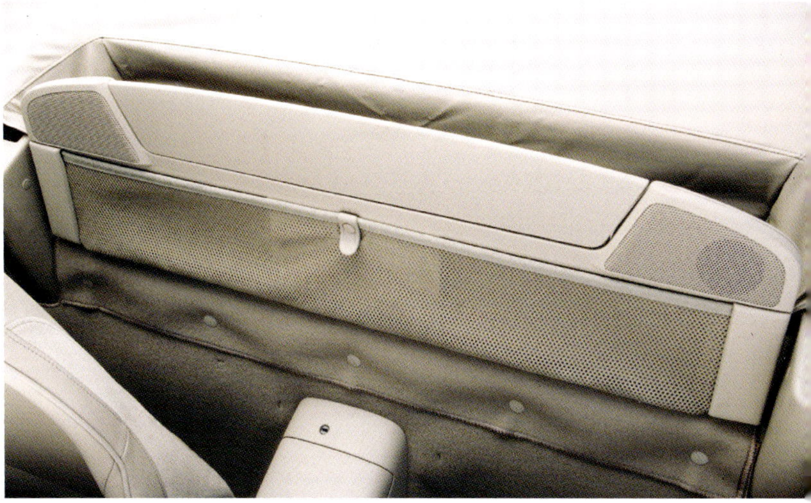

Für ein verbessertes akustisches Musikerlebnis sorgten nun zwei in den Windblocker zusätzlich eingelassene Hochtöner.

Zusammen mit der Markteinführung der leicht modellgepflegten Roadster wurde hierzulande auch das Sondermodell »Unplugged« präsentiert, das, wie diese Bezeichnung schon nahelegte, mit besonderem Augenmerk auf die darin verbaute Hifi-Audioanlage spezifiziert war. Diese stammte von Sony, umfasste Radio plus 6-fach CD-Wechsler und sogar eine Infrarot-Fernbedienung. Mit ihren bis zu 300 Watt hatte sie nicht die geringsten Probleme, den knapp geschnittenen Innenraum des MX-5 auch bei heruntergeklapptem Verdeck kompetent zu beschallen. Ein beim Roadster bis dahin nicht gesehenes Detail, und zugleich ein Hingucker, war

Das 2004 in Deutschland angebotene Editionsmodell »Unplugged« war in Kombination mit beiden Motoren lieferbar. Den vorderen Lufteinlass zierte nun erstmals ein Gitternetz.

Neben einer zweifarbigen Lederausstattung gab es ein – Stichwort »unplugged« – satte 300 Watt starkes Soundsystem von Sony und obendrauf diese attraktiven 16-Zöller.

Trotz insgesamt schwieriger Zeiten gab es für Mazda einen Grund zu feiern: Im März 2004 bekräftigte die MX-5-Baureihe mit dem 700.000sten produzierten Fahrzeug ihre singuläre Marktposition.

ein aus Edelstahl gefertigter Gitternetzvorsatz am vorderen Lufteinlass, der ebenfalls zum Ausstattungspaket zählte. Abgerundet wurde dieses unter anderem durch hübsche, neugestaltete 16-Zoll-Leichtmetallfelgen, drei verfügbare Sonderlackfarben, eine zweifarbige Lederausstattung mit Kontrastziernähten sowie elektrisch verstell- und beheizbare Außenspiegel. Die »Unplugged«-Ausstattung konnte mit beiden verfügbaren Motorversionen kombiniert werden.

Der März 2004 stellte, wenn auch aus anderen Gründen, ein historisches Datum dar: Am 5. des Monats verließ der 700.000ste MX-5 die Produktionsstätte in Hiroshima, womit er seine Stellung als erfolgreichster Roadster aller Zeiten eindrucksvoll untermauerte.

Dass man sich bei Mazda mit Blick auf den ikonischen Sportwagen nicht nur auf den bald bevorstehenden Modellwechsel konzentrierte, sondern auch schon seit längerem weitergehende Überlegungen anstellte, rückte einen Monat später in den Blick. Es hatte bereits seit mehreren Jahren konkrete Überlegungen in Richtung einer Coupéversion des MX-5 gegeben. Diese hatten sich nach längeren budgetbedingten Verzögerungen in Form des MX-5 Roadster Coupé materialisiert, das im Oktober 2003 in limitierter Kleinserie und gleich drei Versionen nur für den japanischen Markt aufgelegt wurde. Die auch im entsprechenden Prospektmaterial genutzte Bezeichnung »Roadster Coupé« war dabei definitiv irreführend, denn der Wagen war alles – nur kein Roadster. Er hatte schlichtweg ein festes Dach, dessen Linie fließheckartig nach hinten auslief und damit die Optik des MX-5, insbesondere von schräg hinten betrachtet, nachhaltig veränderte. Ob dies dem Wagen zum Vorteil gereichte, blieb mit Recht umstritten, und so kam diese Kreation – vermutlich zum Glück – nicht über ein kurzzeitiges Dasein als Objekt eines etwas aufwendigeren Markttests hinaus. Die in diesem Fall ziemlich dubiose Bezeichnung »Roadster Coupé« hatte in der MX-5-Welt aber noch keineswegs ausgedient. Bereits zwei Jahre später sollte sie wieder zum Einsatz kommen, und beschrieb dann, völlig korrekt, eine ganz neue Modellvariante des Kompaktsportwagens aus Hiroshima.

Als letztes anno 2004 auf dem deutschen Markt angebotenes Sondermodell ging im September der MX-5 »Memories« in seine

dritte Runde. Zwei gleichnamige und weitgehend identisch ausgestattete Vorgänger hatte es bereits im Frühjahr 2001 und Ende 2002 gegeben. Das aktuelle, erneut mit 1,6- und 1,9-Liter-Motorisierung lieferbare, nun aber auf insgesamt nur 500 Exemplare limitierte Editionsmodell präsentierte sich ebenfalls wieder mit den typischen Merkmalen, wie etwa 16-Zoll-Leichtmetallfelgen, einer farblich changierenden Metallic-Sonderlackierung namens Festivalschwarz mit beigefarbenem Verdeck, Sitzbezügen aus ebenfalls beigefarbenem Leder, einer in schwarz/beige gehaltenen Instrumententafel, hölzernem Schalthebelknauf und Handbremsgriff sowie einem speziellen Holzlenkrad mit weißen Intarsien. Ebenfalls an Bord waren die modular aufgebaute Audioanlage, Airbags für Fahrer und Beifahrer und eine Sitzheizung. Doch weder auf dem hiesigen Markt, wo die Leverkusener Mazda-Dependance dem Editionsmodell einen Kundenvorteil von fast 1600,– Euro zuschrieb, noch auf dem seit zwei Jahren erstaunlich boomenden britischen, der sogar noch mit weiteren Sondermodellen aufwartete, konnten solche Initiativen den nun auch in Europa einsetzenden Verfall der Verkaufszahlen eindämmen. Zu registrieren war am Jahresende ein Minus von rund 30 %. Auf den anderen Kernmärkten vollzog sich eine ähnliche Entwicklung: Japan stabilisierte sich gewissermaßen auf beängstigend niedrigem Niveau, und in den USA wurde mit knapp 9400 Fahrzeugen erstmals keine fünfstellige Jahresverkaufszahl mehr erreicht. Im letzteren Fall spielten jedoch auch Sonderfaktoren eine Rolle: So hatte der im Herbst 2003 in Nordamerika gestartete neue RX-8 ein Maximum an Aufmerksamkeit durch die dortige Vertriebsgesellschaft erfahren, um diesen erfolgreich am dortigen Wankel-Mazda-affinen Markt zu etablieren. Für den MX-5, dessen aktuelle Generation ohnehin nur noch auf Abruf stand, blieben unter diesen Umständen keine größeren Ressourcen für Absatzförderungsmaßnahmen mehr übrig.

Tatsächlich realisierte Mazda für den einheimischen Markt gleich mehrere Coupé-Versionen des MX-5, die irritierenderweise als »Roadster Coupé« bezeichnet wurden. Es blieb – vermutlich zum Glück – bei einer Kleinserienfertigung ohne wirkliche Perspektive.

Mit dem 2003 eingeführten, höchst individuell gestalteten RX-8 gedachte Mazda, den Kreiskolbenmotor nach rund siebenjähriger Pause wieder angemessen in Szene zu setzen.

2005
Die Luft ist raus

Wie zügig die Zeit über den NB-FL hinwegging, obwohl er erst im fünften Jahr auf dem Markt war, wurde bereits Ende Februar des neuen Jahres deutlich: Im unmittelbaren Vorfeld des Genfer Autosalons lud Mazda speziell die Fachmedien zu einer Pressekonferenz, auf der die vor Ort bevorstehende Weltpremiere der neuen MX-5-Generation, intern NC genannt, kundgetan wurde. Das neue Modell versprach im Unterschied zum vorangegangenen NB eine umfassende Weiterentwicklung zu sein, und zwar in technischer wie in optischer Hinsicht. Gerade deshalb durfte das interessierte Publikum höchst gespannt darauf sein, wie es die Konstrukteure in Hiroshima geschafft hatten, die klassische MX-5-DNA, die ihn zum meistverkauften Roadster aller Zeiten gemacht hatte, in die Jetztzeit mit ihren komplexen Anforderungen zu transformieren. Immerhin hatte die Intensivphase der Entwicklung bereits im Frühjahr 2002 begonnen – genug Zeit also, um weit mehr als nur eine etwas tiefgreifendere Modellpflege am existierenden Modell durchzuführen. Die Markteinführung des NC sollte, gestaffelt nach Region und sorgfältig vorbereitet, rechtzeitig zum Modelljahr 2006, also im September 2005, begonnen werden. Für Deutschland war geplant, die ersten Fahrzeuge ab Januar 2006 in die Verkaufsräume zu rollen.

Die Tatsache, dass der Nachfolger des NB-FL bereits mit einem erheblichen Vorlauf angekündigt wurde, ließ für das aktuell noch angebotene Modell nichts Gutes ahnen – wer legte sich schon ein nicht mehr ganz taufrisches Nischenfahrzeug zu, wenn dessen Produktion wenige Monate später auslief? Die Kernmärkte reagierten auf diese Situation unterschiedlich. In Japan, wo die Zahlen ohnehin am Tiefpunkt waren, ließ man die Dinge ebenso laufen wie in den USA – Verkaufsförderungsmaßnahmen durch Sondermodelle nach Art einer »Last Edition« wurden nicht mehr umgesetzt. Anders in Europa, wo die MX-5-Begeisterung stetig gewachsen war. In Deutschland kam schon im Januar, noch vor der NC-Premiere in Genf, ein erstes Sondermodell namens »Impuls« in den Verkauf. Erhältlich mit beiden Motorisierungsvarianten, war es von außen, neben speziellen Lackfarben, unter anderem an 15-Zoll-Leichtmetallfelgen im ungewöhnlichen Vielspeichendesign und einem Heckgepäckträger zu erkennen. Innen gehörten die beheizbaren beigefarbenen Ledersitze mit braunen Ziernähten, ein Holzlenkrad, ein ebenfalls in Holz ausgeführter Schaltknauf und Handbremsgriff, eine Klimaanlage sowie der neue Designbügel hinter den Sitzen samt integriertem Soundboard und Windschott zum Ausstattungsumfang des Editionsmodells.

Doch damit nicht genug: Ein halbes Jahr später, im Juni, folgte in Deutschland als würdiger Abschluss für die NB-FL-Modelle und eines der weltweit letzten Sondermodelle dieser MX-5-Generation

Das kurz vor Toresschluss ab Januar 2005 in Deutschland angebotene Sondermodell »Impuls« war eines der weltweit letzten limitierten Editionsmodelle der NB-Generation.

Sowohl mit dem 1,6- wie mit dem 1,9-Liter-Motor lieferbar, glänzte es im Interieur unter anderem mit Schmuckbügeln hinter den Sitzen, einem Windblocker samt Soundboard sowie einer Klimaanlage. Sogar ein Chrom-Gepäckträger war im Lieferumfang enthalten.

die Version »Youngster«. Sie war auf nur noch 240 Fahrzeuge limitiert und wendete sich, ausschließlich mit dem 1,6-Liter-Motor ausgestattet, an eine besonders preisbewusste Klientel. Die Liste spezieller Merkmale war nicht allzu lang: Es gab unter anderem Metalliclack, 15-Zoll-Leichtmetallfelgen, beheizbare schwarze Ledersitze mit orangefarbenen Kontrastziernähten, ein farblich ebenso gestaltetes Lederlenkrad und einen CD-Player. Nur auf dem starken britischen Markt traute man sich ebenfalls, noch ein Sondermodell des NB-FL zu lancieren. Es hieß »Icon« und war in seinem Zuschnitt weitestgehend identisch mit dem deutschen »Youngster«-Modell – allerdings mit einem wesentlichen Unterschied: Es war auch in Kombination mit dem großen Motor zu haben.

Damit ging die Karriere der zweiten MX-5-Generation endgültig zu Ende. Darüber, wann genau die Produktion dieser Modelle eingestellt wurde, gibt es sehr unterschiedliche Informationen. Gut informierte, vor Ort lebende Fachjournalisten terminieren den Fertigungsstopp bereits auf Dezember 2004, was bedeuten würde, dass sämtliche 2005 noch verkauften NB-FL-Modelle aus Lagerbeständen stammten. Offiziell, so zum Beispiel in Pressemitteilungen von Mazda Deutschland, wird als Termin für den Bandablauf dagegen der Oktober 2005 genannt. Was auch immer zutraf – festzuhalten bleibt, dass sich die zweite MX-5-Generation, deren Produktionszyklus etwa zwei Jahre kürzer war als der des Premierenmodells NA, insgesamt und um die kürzere Angebotsdauer bereinigt, etwas schlechter verkaufte. Dabei hatte sich aber die Rangfolge der Kernmärkte dramatisch verschoben. Während sich Japan schnell und geradezu radikal als eines der umsatztechnisch wichtigsten Absatzgebiete verabschiedet hatte, und die USA auf gehobenem Niveau, allerdings mit fallender Tendenz, stabil geblieben waren, hatte sich Europa zum wichtigsten MX-5-Markt gemausert. In Zahlen ausgedrückt, stellte sich die Entwicklung so dar: Insgesamt standen während ihrer jeweiligen Produktionszeit rund 290.000 NB-Modelle etwa 430.000 MX-5 NA gegenüber. Aber parallel dazu explodierte geradezu der Anteil der für Europa gebauten Fahrzeuge von rund 70.000 Einheiten im Fall des NA auf nahezu 130.000 NB-Modelle. Nicht nur bei Mazda in Hiroshima musste man sich infolgedessen mit der Frage auseinandersetzen, ob, und wenn ja, welche Auswirkungen dieser Sachverhalt auf die Fahrzeuge der dritten Generation haben sollte.

Im Interieur sorgten eine beigefarbene Lederausstattung mit kontrastierenden Kedern und diverse Holzapplikationen für ein edles Ambiente. Exklusive Vielspeichenfelgen gehörten ebenfalls dazu.

LEV 04851

KAPITEL 4

MX-5

Die 3. Generation (2005–2015):

Der NC – alte und neue Qualitäten

2005

Zu neuen Ufern

Mit japanisch zurückgenommener Begeisterung präsentierte der Baureihen-Verantwortliche Takao Kijima auf dem Genfer Autosalon 2005 die 3. MX-5-Generation.

Als der neue MX-5 auf dem Genfer Autosalon enthüllt wurde, hatte dies in der mittlerweile über 15-jährigen Historie des Kompakt-Roadsters eine ganz besondere Bedeutung. Hier handelte es sich nicht, wie beim Übergang von der ersten zur zweiten Generation, um einen tiefergehenden Facelift, sondern um eine alle optischen und technischen Bereiche betreffende, umfassende Neuentwicklung – quasi eine komplette Neuinterpretation des bisher so erfolgreichen MX-5-Themas. Dass eine solche angesichts der völlig veränderten Rahmenbedingungen unumgänglich war, dabei aber ebenso viele Chancen wie Risiken in sich barg, war den Verantwortlichen in Hiroshima sicher bewusst. Dennoch war vom Beginn der Entwicklung an unumstritten, dass die Kernwerte des erfolgreichsten Roadsters aller Zeiten so weit wie eben möglich erhalten bleiben sollten: Er sollte auch weiterhin dynamisch und fahrspaßorientiert, dabei alltagstauglich, unkompliziert, jederzeit verlässlich und nach wie vor in einem breiteren Kundenkreisen zugänglichen Preissegment angesiedelt sein. Zugleich waren die dramatisch gestiegenen Anforderungen in puncto passiver Sicherheit, Verbrauchs- und Emissionsverhalten sowie Insassenkomfort zu berücksichtigen – bei letzterem stand die Schaffung von etwas mehr Bewegungsraum im Interieur ganz oben auf der Agenda. Realisiert werden sollte das alles – natürlich – unter Beibehaltung des traditionell niedrigen Fahrzeuggewichts eines MX-5, das nach wie vor als zentraler Bestandteil seiner DNA begriffen wurde.

Als auf dem Genfer Messestand von Mazda die Hülle über dem Premierenfahrzeug weggezogen wurde, war die Überraschung nicht gering – obwohl eigentlich kein interessierter Beobachter im Vorfeld der Präsentation so recht wusste, was

Auf den ersten Blick wurde deutlich, dass der Modellwechsel tiefgreifend gewesen sein musste, denn die Optik des neuen MX-5 zeigte zwar eine entfernte Verwandtschaft, unterschied sich aber deutlicher von der seiner noch recht ähnlich gestalteten Vorgänger.

Die Formgebung der Karosserie erschien geradliniger als zuvor und war fast noch ruhiger als die der beiden Generationen NA und NB. Die betont herausgearbeiteten Radläufe waren ein neues Designelement.

man von der Optik eines runderneuerten MX-5 erwarten sollte. Die Linienführung des NC wirkte schon auf den ersten Blick gediegener, ließ aber im Gesamteindruck dennoch eine gewisse stilistische Verwandtschaft zu seinem Vorgänger und in mancher Hinsicht auch zum RX-8 erkennen. Dabei täuschte das äußere Erscheinungsbild über die tatsächlichen Fahrzeugdimensionen hinweg, denn die waren im Vergleich zum Vorgänger kaum gewachsen. In der Länge hatte der neue MX-5 um gerade mal 2 Zentimeter zugelegt, in der Breite um 4 Zentimeter und in der Höhe wiederum um 2 Zentimeter. Die etwas veränderte optische Gesamtwirkung ergab sich insbesondere durch den um immerhin 55 Millimeter verlängerten Radstand sowie die vergrößerten Spurweiten vorne und hinten. Letztere hatten sich als einzige Eckwerte deutlich verändert und waren vorne um 75 und hinten und 55 mm angewachsen. Damit stand der NC erkennbar breitbeiniger auf der Straße und strahlte gegenüber dem NB-FL ein Mehr an Präsenz aus.

Die Linienführung der MX-5-Karosserie war aus einem internen Wettbewerb zwischen den Mazda Designzentren in Hiroshima, Irvine/Kalifornien und im hessischen Oberursel bei Frankfurt hervorgegangen. Sie war insgesamt eher noch ruhiger geraten als zuvor und von einer stärkeren Geradlinigkeit bzw. einem Abgehen vom bisher verfolgten, leichten »Coke bottle styling« geprägt. Während sich die Leuchteinheiten vorne und hinten in Formgebung und Ausführung nur gemäßigt modernisiert präsentierten, wurde mit den betont ausgestellten Radläufen rundum – die Platz für die verbreiterte Spur schufen und seinerzeit in ähnlicher Form zum Beispiel auch am Wankel-Coupé RX-8 zu finden waren – der augenfälligste optische Akzent an der Außenhaut des neuen MX-5 gesetzt. Einen hohen Wiedererkennungsfaktor besaß dagegen der vordere Kühlerausschnitt, den die Designer fast original vom ersten MX-5 übernommen hatten.

Dass dem Interieur der NC-Modelle besondere Aufmerksamkeit zuteilgeworden war, wurde auf den ersten Blick deutlich. Der sympathisch-burschikose Gestaltungsstil der frühen Jahre war komplett verschwunden und einer ausgesprochen gediegenen, eher Pkw-artigen Anmutung gewichen, die sich speziell durch die nun verwendeten hochwertigeren Oberflächenmaterialien mitteilte. Auch das Raumgefühl für die Passagiere zeigte sich optimiert. Kopf- und Fußraum waren vergrößert, und im Schulterbereich war die gewachsene Innenraumbreite deutlich zu spüren. Zudem hatte sich der Verstellbereich der Sitzschienen verlängert. Herrschte oberhalb der Bordkante unverfälschtes Cabriofeeling, so vermittelte, quasi als Kontrapunkt, der vergleichsweise hohe, deutlich herausgearbeitete Mitteltunnel den Eindruck, in einem maßgeschneiderten Cockpit zu sitzen.

Die Instrumententafel wurde von vier runden, symmetrisch angeordneten Lüftungsdüsen horizontal gegliedert, deren feine Chromeinfassungen sich optisch von einer über die gesamte Breite reichenden Dekorleiste mit elegantem Klavierlacküberzug Abhob. Hinter dem Lenkrad präsentierte sich der gerundete Kubus des Instrumententrägers mit fünf einzeln arrangierten Analoginstrumenten – darunter die zur MX-5-Tradition zählende Öldruckanzeige –, deren Radien nun zum Teil ineinanderliefen.

Mehr Platz, wesentlich verbesserte Sitze und eine nochmals hochwertigere Anmutung im Innenraum waren charakteristische Merkmale der NC-Modelle.

Das Arrangement von Armaturentafel und Mittelkonsole brach komplett mit der bisherigen Designphilosophie und ähnelte anderen Pkw-Modellen aus dem Mazda-Programm.

Die Zifferblattaufteilung war so gestaltet, dass sich die Zeiger von Drehzahlmesser und Tacho in Ruhestellung auf der Sechs-Uhr-Position befanden. Zudem zuckten sie nach Einschalten der Zündung kurz auf – eine Petitesse zwar, aber auch herzerwärmend für jeden Sportwagenfreund. Neu war auch das Lenkrad, dessen drei Speichen in silbernem Finish gehalten waren. Erstmals war es darüber hinaus auch höhenverstellbar ausgeführt.

Im Interieur wurde bei der Neuentwicklung stark auf eine Verbesserung der Praktikabilität Wert gelegt. Ein neues Ablagekonzept bot mehr Raum für Kleinzeug in den Türverkleidungen sowie mithilfe dreier Staufächer ebenfalls im Bereich der hinteren Schottwand. Auch des Kofferraums hatte man sich angenommen: Der war zwar kaum größer geworden, aber nun so geformt, dass auch eine große Getränkekiste stehend untergebracht

Modern, übersichtlich und mit Elektronik-Gimmicks ausgestattet, präsentierten sich die neu gestalteten Rundinstrumente.

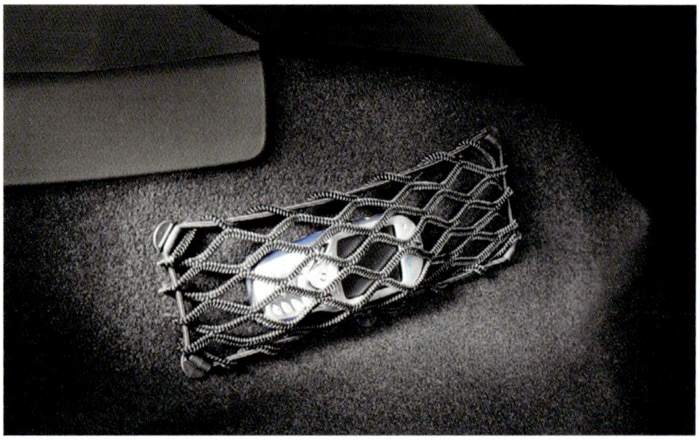

Ein optimiertes Ablagenkonzept machte die NC-Modelle noch ein gutes Stück praktischer als ihre Vorgänger. Vor allem das nicht ganz kleine verschließbare Staufach zwischen den Sitzlehnen machte sich hier nützlich.

Das Kofferraumvolumen war ein wenig gewachsen, vor allem aber war der Stauraum nun günstiger geformt. Sogar ein großer Getränkekasten fand jetzt Platz.

werden konnte. Für mehr Offenfahrkomfort – der von Käuferseite offenbar verstärkt nachgefragt wurde – sorgten ein vergrößertes und effizienter wirkendes Windschott sowie ein kleines, erstmals vorgesehenes Dreiecksfenster an der A-Säule, das den Luftstrom diesseits der Außenspiegel bei heruntergefahrenen Seitenscheiben besser von den Fahrzeugpassagieren fernhielt. Erstaunlich blieb, dass eine Klimaanlage, ob manuell oder automatisch gesteuert, nach wie vor nicht zur Grundausstattung des MX-5 gehörte.

Serienmäßig waren dagegen, neben der umfassenden Airbagausrüstung, Breitreifen der Dimension 205/50 R 16, wie schon erwähnt ein höhenverstellbares Lenkrad, eine Sitzhöheneinstellung auf der Fahrerseite, eine beheizbare Glasheckscheibe, eine Zentralverriegelung mit Funkfernbedienung, elektrische Fensterheber sowie ein Audiosystem in Standardausführung. Dessen Hörgenuss übertraf das optional spezifizierbare BOSE-Soundsystem mit sieben Lautsprechern, elektronischer Frequenzregelung und patentierter Geräuschkompensationstechnik deutlich.

Das präsentere Erscheinungsbild der neuen MX-5-Generation täuschte über die im Wesentlichen gleichgebliebene Karosseriedimensionen hinweg. Den Unterschied machten vor allem der um 55 mm verlängerte Radstand und die größeren Spurweiten. Gut zu erkennen ist auf diesem Bild auch das neue kleine Dreiecksfenster an den Türen.

Diese am Übergang von Armaturentafel zu Mittelkonsole angewandte Formensprache fand sich in einer Reihe aktueller Pkw-Modelle von Mazda wieder.

In neuer Optik präsentierten sich auch die Felgen. Hier standen von Beginn am mehrere Designs in den Formaten 16 und 17 Zoll zur Wahl.

Ebenfalls auf der Aufpreisliste standen unter anderem ein Keyless-go-Zugangssystem, Xenon-Hauptscheinwerfer samt Reinigungsanlage, eine Lederausstattung, eine Klimaanlage sowie diverse Leichtmetallräder in 16- und 17-Zoll-Ausführung.

Was den Karosserieunterbau anging, waren bei den Fahrzeugen der neuen Generation in konstruktiver Hinsicht ebenfalls große Fortschritte erzielt worden – weniger um verbesserte Platzverhältnisse für die Passagiere zu schaffen als im Hinblick auf die passive Sicherheit. Wesentliche Strukturelemente der Rohkarosse, beispielsweise die Seitenschweller und die Längsträger des Hilfsrahmens waren nun aus hochfestem Stahl gefertigt. Darüber hinaus kamen massive Querträger sowie Aufprallschutzprofile in den Türen zum Einsatz. Bei einem eventuellen Überschlag boten eigens in die A-Säule integrierte Rohre aus ultra-hochfestem Stahl, der massiv ausgeführte Scheibenrahmen sowie hinter den Sitzen angeordnete Verstärkungen bestmöglichen Insassenschutz. Abgerundet wurde das Passivsicherheitspaket, das meilenweit von dem entfernt war, was bis dato beim MX-5 üblich gewesen war, von einer umfassenden Airbag-Ausstattung. Erstmalig kamen dabei auch in den Sitzlehnen untergebrachte Seitenairbags mit integriertem Kopf-Schulter-Schutz zum Einsatz.

Über alles betrachtet, war das neue Monocoque nach offiziellen Angaben um 47 % torsions- und um 22 % biegesteifer als das des Vorgängers. Die höhere strukturelle Stabilität kam nicht nur einer Verbesserung des Unfallschutzes zugute, sondern resultierte auch in einem noch präziseren Fahrverhalten. In diesem Zusammenhang und zum Zweck einer weiteren Steigerung der Fahragilität modifizierten die Entwickler auch das bisherige Packaging: Der Motor wurde nochmals um beträchtliche 135 Millimeter weiter nach hinten gerückt, was das Trägheitsmoment um die Hochachse reduzierte und für besonders spontane Reaktionen des Roadsters auf Lenkbefehle sorgte. Strenggenommen konnte man nun sogar von einer Front-Mittelmotor-Auslegung sprechen, denn das Antriebsaggregat lag jetzt hinter der Vorderachslinie. Zusätzliche Maßnahmen zur Erzielung einer perfekten Achslastverteilung im Verhältnis 50:50 % und damit zur Erhöhung der Kurvenfreudigkeit waren eine Verlagerung der Batterie und des neu geformten Kraftstofftanks in Richtung Fahrzeugschwerpunkt sowie der nun geneigt erfolgende Einbau des Wasserkühlers.

Diese weitreichenden Veränderungen sowie allgemeine Weiterentwicklungen im Pkw-Fahrwerksbau nahmen die

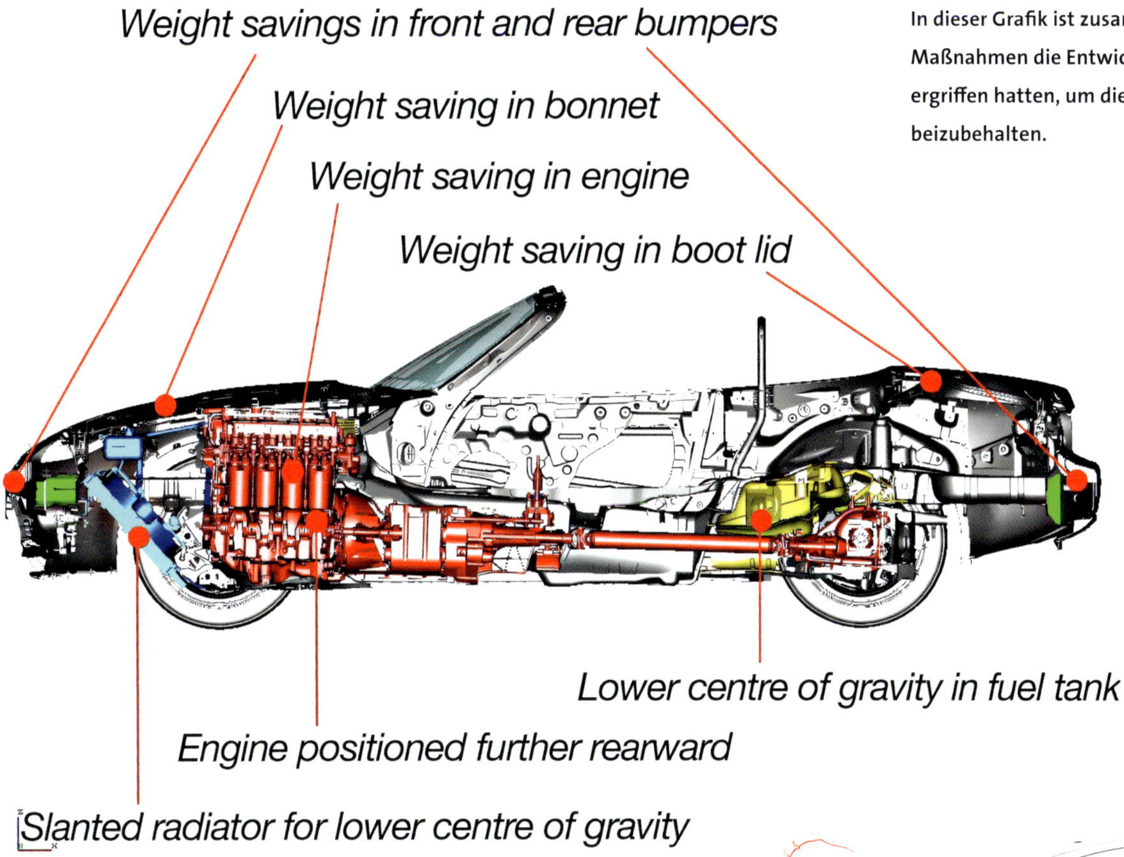

In dieser Grafik ist zusammengetragen, welche Maßnahmen die Entwickler der NC-Modelle ergriffen hatten, um die klassische MX-5-DNA beizubehalten.

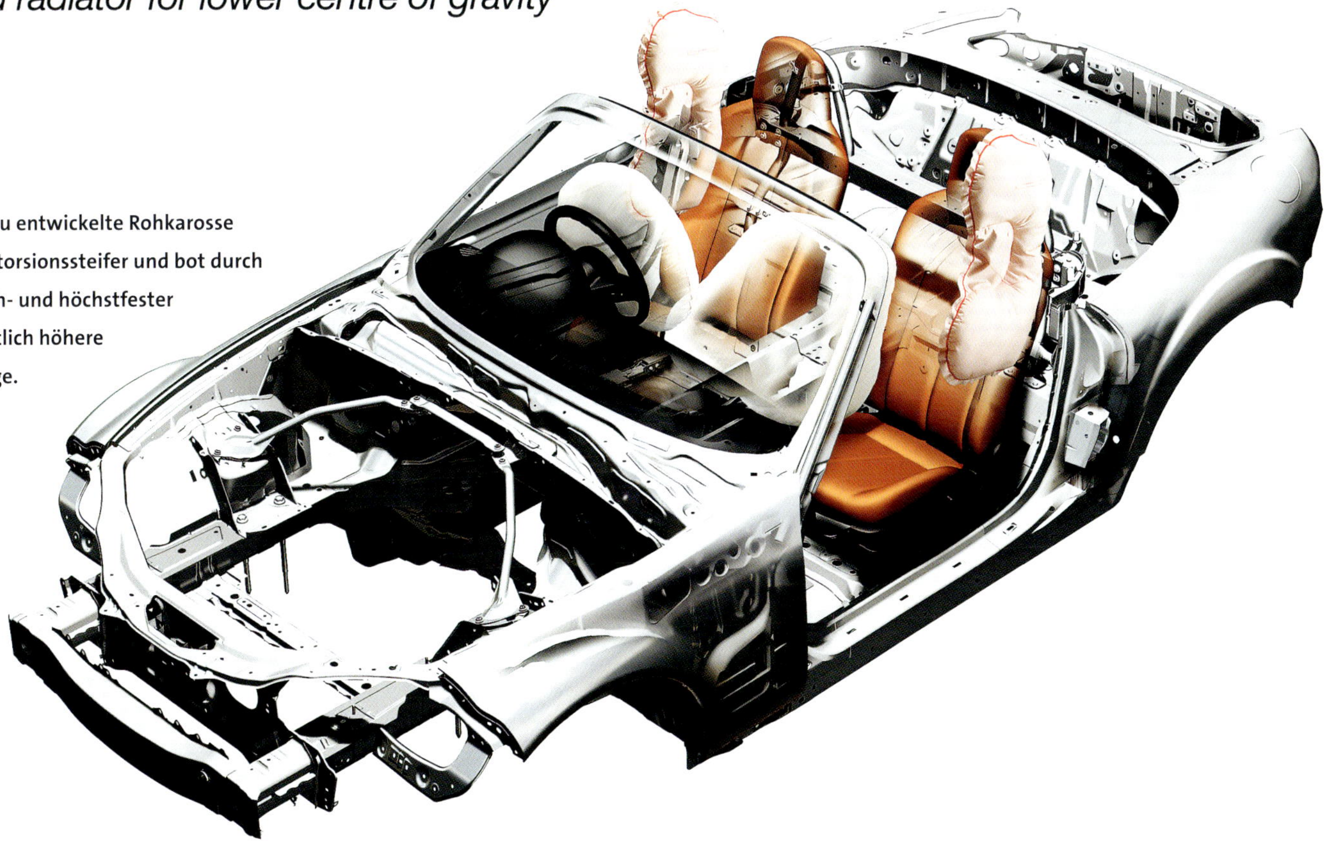

Die komplett neu entwickelte Rohkarosse war wesentlich torsionssteifer und bot durch den Einsatz hoch- und höchstfester Stähle eine deutlich höhere Sicherheitsmarge.

Ingenieure in Hiroshima selbstverständlich auch zum Anlass, das traditionelle Doppelquerlenker-Konzept des MX-5 neu zu bewerten. Letztendlich entschieden sie sich beim NC dafür, die vordere Einzelradaufhängung an doppelten Dreiecksquerlenkern beizubehalten, sahen aber für die Hinterradaufhängung eine der modernen Multilink-Achskonstruktionen vor. Dank fünf Lenkern pro Rad agierte diese perfekt spur- und sturzkonstant und ließ sich zudem in Verbindung mit der gewünschten Feder-Dämpfer-charakteristik – zum Einsatz kamen nun neue Einrohr-Gasdruckstoßdämpfer – optimal auf die fahrdynamisch einwirkenden Kräfte abstimmen. Die Aufhängungskinematik wurde zudem so gestaltet, dass der Roadster beim Bremsen weniger stark vorn eintauchte und beim Beschleunigen heckseitig weniger stark in die Knie ging – technisch ausgedrückt: Der sogenannte »Anti-Dive«-Faktor konnte nach Werksangaben um 38 % und der »Anti-Squat«-Faktor um 78 % verbessert werden.

Je nach Motorisierung sorgten 16- oder 17-Zoll-Räder für eine adäquate Übertragung der physikalischen Kräfte auf die Fahrbahn. Auf Wunsch konnte man unter anderem auf dem deutschen Markt auch wieder ein Sportfahrwerk ordern, das dank Bilstein-Gasdruckdämpfern in Kombination mit den 17-zölligen Leichtmetallfelgen ein noch strafferes und agileres Fahrverhalten bot.

In puncto Antriebsaggregate stellte der Generationswechsel die geeignete Gelegenheit für eine erste tiefgreifende Modernisierung dar. Zwar hatten sich die schon leicht betagten B-Serie-Motoren im MX-5 dank regelmäßiger Feinarbeit noch bis zuletzt achtbar geschlagen, doch die neuen NC-Modelle wurden mit zwei Motoren einer komplett neu konstruierten Triebwerksfamilie ausgestattet, die erst 2001 neu im Pkw-Programm von Mazda eingeführt worden war. Die beiden nun 1,8 und 2,0 Liter großen Vierzylinder gehörten der »MZR«-Baureihe an und entsprachen dem modernsten technischen Stand. Unter der Bezeichnung »Duratec« wurden sie – nebenbei erwähnt – auch großflächig im Ford- sowie im Volvo-Pkw-Programm eingesetzt. Volvo gehörte, wie Mazda, Jaguar, Land Rover und Aston Martin, seinerzeit ebenfalls zum Ford-Imperium. Standardmerkmale der Konstruktion waren zwei nun per Kette und nicht mehr per Zahnriemen angetriebene obenliegende Nockenwellen, Vierventiltechnik, ein variables Ansaugsystem in Form eines zweistufig schaltbaren Saugrohrs und, bei der 2,0-Liter-Version, eine variable Steuerung der Einlassventile. Eine wichtige Neuerung war, dass Zylinderblock und -kopf sowie die Ölwanne aus Aluminium gegossen waren, was einem gewichtssensiblen Fahrzeug wie dem MX-5 besonders zugutekam.

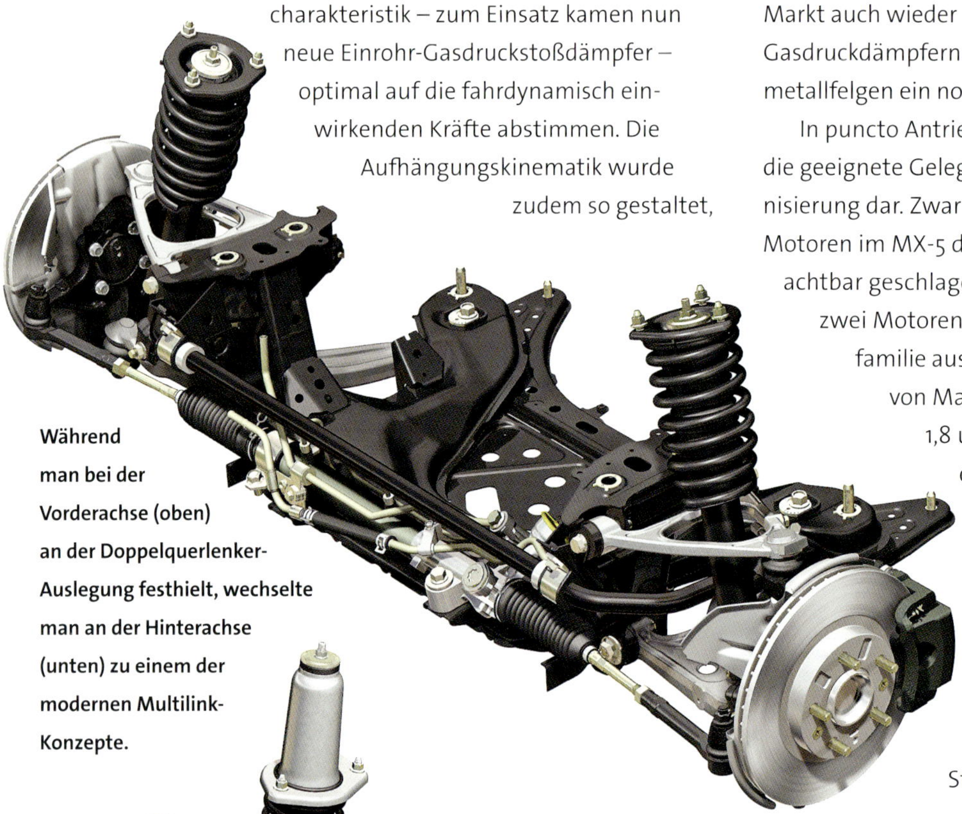

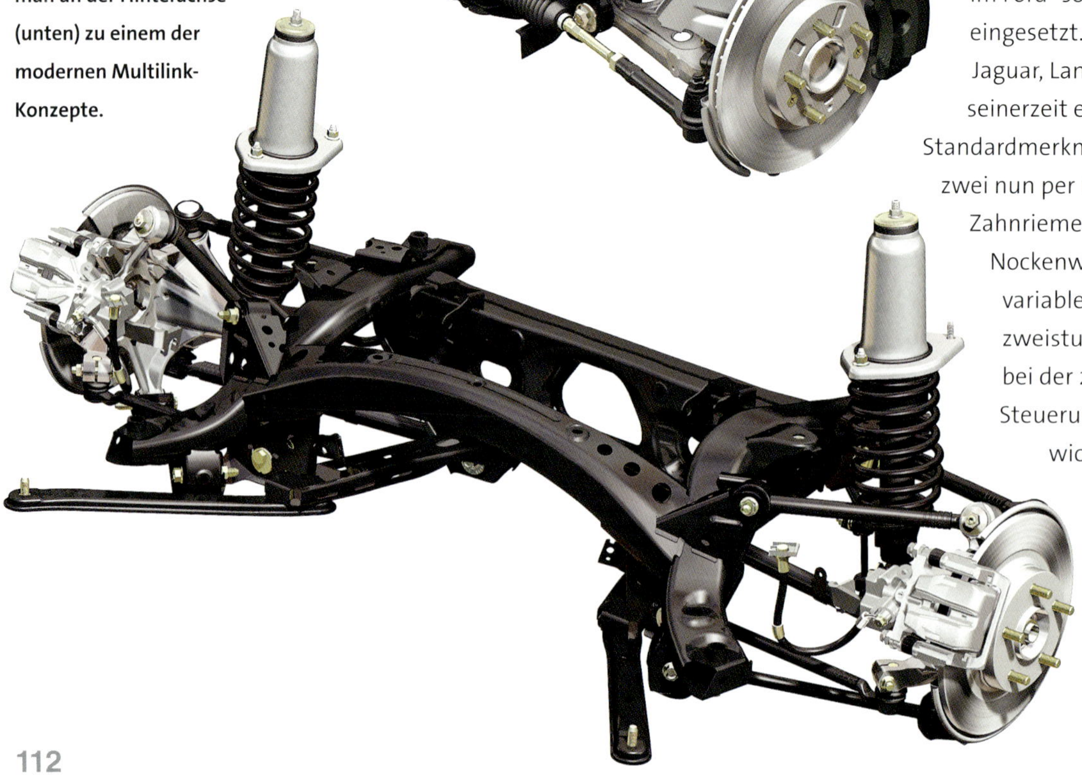

Während man bei der Vorderachse (oben) an der Doppelquerlenker-Auslegung festhielt, wechselte man an der Hinterachse (unten) zu einem der modernen Multilink-Konzepte.

Komplett abgeklebt unternahmen diverse NC-Prototypen umfangreiche Abstimmungsfahrten auf der Nürburgring-Nordschleife.

In ihrer Architektur unterschieden sich die beiden Triebwerke nur im Bohrungsmaß voneinander: Bei identischem Hub von 83,1 mm wies die 1,8-Liter-Ausführung hier 83,0 mm auf, war also fast quadratisch ausgelegt. Die Bohrung beim 2,0-Liter zeigte sich dagegen auf 87,5 mm vergrößert, was diese Version im Unterschied zum knapp 1,9 Liter messenden Vorgängertriebwerk zu einem entschiedenen Kurzhuber machte. Besonderes Augenmerk richteten die Entwickler auf eine weitere Optimierung der Drehfreude und Agilität des Vierzylinders. Zu diesem Zweck erhöhten sie den Luftdurchsatz im Ansaugtrakt und verringerten ergänzend dazu den Abgasgegendruck der nun mit zwei Einzelendrohren versehenen Auspuffanlage.

In Japan wurde mit typischer Akribie auch nach optimalen ergonomischen Bedingungen im Cockpit gesucht.

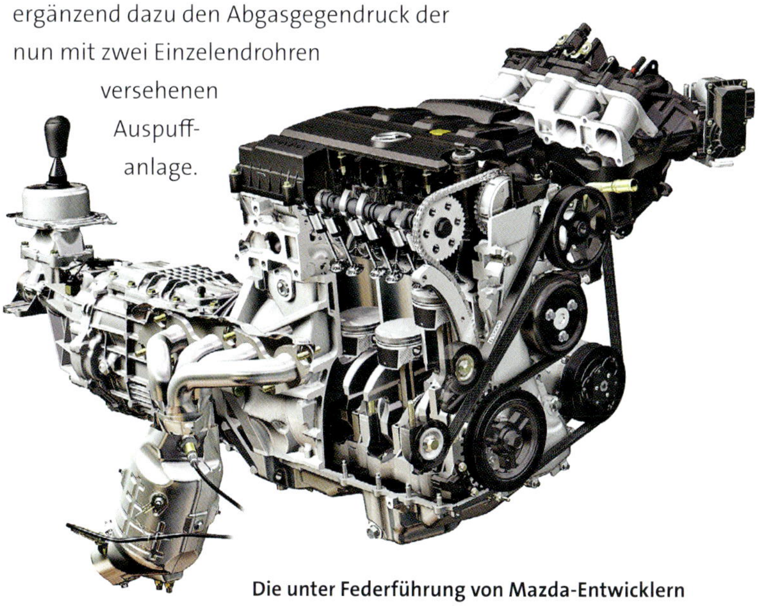

Die unter Federführung von Mazda-Entwicklern neu konstruierte »MZR«-Motorenfamilie war hochmodern konzipiert und wurde auch von anderen Marken verwendet.

Die beiden einzelnen Endrohre der Abgasanlage waren ein Novum in der MX-5-Baureihe und signalisierten, dass nun mehr Kraft zur Verfügung stand.

Bei Letzterer sorgte eine der immer stärker in Mode gekommenen Sounddesign-Maßnahmen dafür, dass die MX-5-Passagiere – insbesondere bei Offenfahrt – akustisch von wohligen Lebensäußerungen der beiden Antriebsaggregate eingehüllt wurden.

Unvermeidlich resultierte die Anwesenheit moderner Motoren im Mazda Roadster auch in einer Erhöhung des Leistungsniveaus. Dies vollzog sich aber mit Augenmaß – von einer PS-Explosion konnte nicht die Rede sein, vielmehr war es den Entwicklern in Hiroshima darum gegangen, auch weiterhin die für den MX-5 so typische Harmonie aus Antriebskraft, Handlingeigenschaften, niedrigem Gewicht und kompakten Dimensionen zu leistbaren Kosten aufrechtzuerhalten. Das größere der beiden MZR-Triebwerke stellte nun 160 PS/118 kW bei beachtlichen 6700/min bereit, gerade einmal 14 PS/10 kW mehr als beim mit kleinerem Hubraum angetretenen Vorgänger. Dank des Vorhandenseins moderner Gaswechseltechnologien profitierte vor allem das Drehmomentverhalten des Vierzylinders: Dabei war nicht der von 168 auf 188 Nm angestiegene Spitzenwert

Unter der Motorhaube war zu erkennen, dass man das Antriebsaggregat exakt 135 mm weiter hinten platziert hatte, um das Fahrverhalten noch agiler zu machen.

Dem höheren Leistungspotenzial des neuen 2,0-Liter-Motors angepasst, präsentierte sich das überarbeitete und in seiner Schaltbarkeit weiter verbesserte 6-Gang-Getriebe.

entscheidend, sondern die besonders ausgeglichene Kraftentfaltung, bei der im Bereich zwischen 2500 und 6700/min mindestens 90 % der maximalen Durchzugskraft zur Verfügung standen.

In etwa synchron zum größeren Motor verhielt sich die 1,8-Liter-Version des MZR-Vierzylinders, die ohne variable Einlassventilsteuerung auskommen musste. Ihre Höchstleistung betrug nun 126 PS/93 kW bei 6500/min, was einer Steigerung um sogar 16 PS/12 kW gegenüber dem alten 1,6-Liter-Triebwerk entsprach. Auch das Drehmomentmaximum hatte hier von 134 auf 167 Nm überproportional zugelegt, wobei der Spitzenwert bereits bei einer Nenndrehzahl von 4500/min erreicht wurde. Die Fahrleistungen der beiden verschieden motorisierten MX-5 Roadster verbesserten sich entsprechend: Mit dem 2,0-Liter-Triebwerk wurde jetzt werkseitig eine Höchstgeschwindigkeit von 210 km/h attestiert, während es der 1,8-Liter auf 196 km/h brachte – nicht schlecht für ein Einsteigermodell. Zertifiziert nach der aktuellen Abgasnorm Euro 4 schonten die beiden neuen Motoren, die im Übrigen nicht nur leichtgewichtiger als ihre Vorgänger waren, sondern auch um rund 12 % kompakter bauten, auch das Spritbudget und die Umwelt – Aspekte, die selbst kurz nach der Jahrtausendwende in den Presseveröffentlichungen zumindest der deutschen Mazda-Dependance in Leverkusen noch keine hervorgehobene Rolle spielten.

Was das Thema Kraftübertragung anbetraf, blieb auch bei den Fahrzeugen der neuen MX-5-Generation vorerst alles beim Alten. Immer noch wurde die Zahl der verfügbaren Gangstufen an die Motor- bzw. Ausstattungsversion gekoppelt, obwohl gerade in der Sportwagenwelt ein 6-Gang-Getriebe inzwischen zum guten Ton gehörte. Die Schaltboxen mit ihrer ikonischen Bediencharakteristik präsentierten sich gleichwohl intern verstärkt, um den höheren Drehmomenten der neuen Antriebsaggregate gewachsen zu sein. Besonders bei der 6-Gang-Schaltung wurde die Leichtgängigkeit und Präzision der Schaltvorgänge noch einmal optimiert. Ansonsten hatte es an der Funktionalität der MX-5-Getriebe ohnehin nichts auszusetzen gegeben. Um bei Beschleunigungs- und Verzögerungsvorgängen Bewegungen im Antriebsstrang zu unterdrücken, war, wie schon bei den Vorgängergenerationen, auch bei den neuen Modellen der im Bereich des Kardanwellentunnels zwischen Getriebe und Hinterachsdifferenzial angebrachte, z-förmige Aluminiumträger als konstruktives Strukturelement wieder im Einsatz.

Zwar hatte die Frage nach dem Fahrzeuggewicht des MX-5 unter den sich im Lauf der Jahre im Pkw-Bau verändernden Rahmenbedingungen etwas an marketingtechnischer Signifikanz verloren, doch beharrten die Entwickler in Hiroshima auch bei den NC-Modellen darauf, hier im Wettbewerbsvergleich, so begrenzt er auch sein mochte, nach wie vor die Messlatte zu legen. Dank einer akribischen Suche nach Einsparpotenzialen selbst im Grammbereich gelang es letztlich, trotz des Einbaus von Seiten-Airbags, der Verwendung größerer Räder,

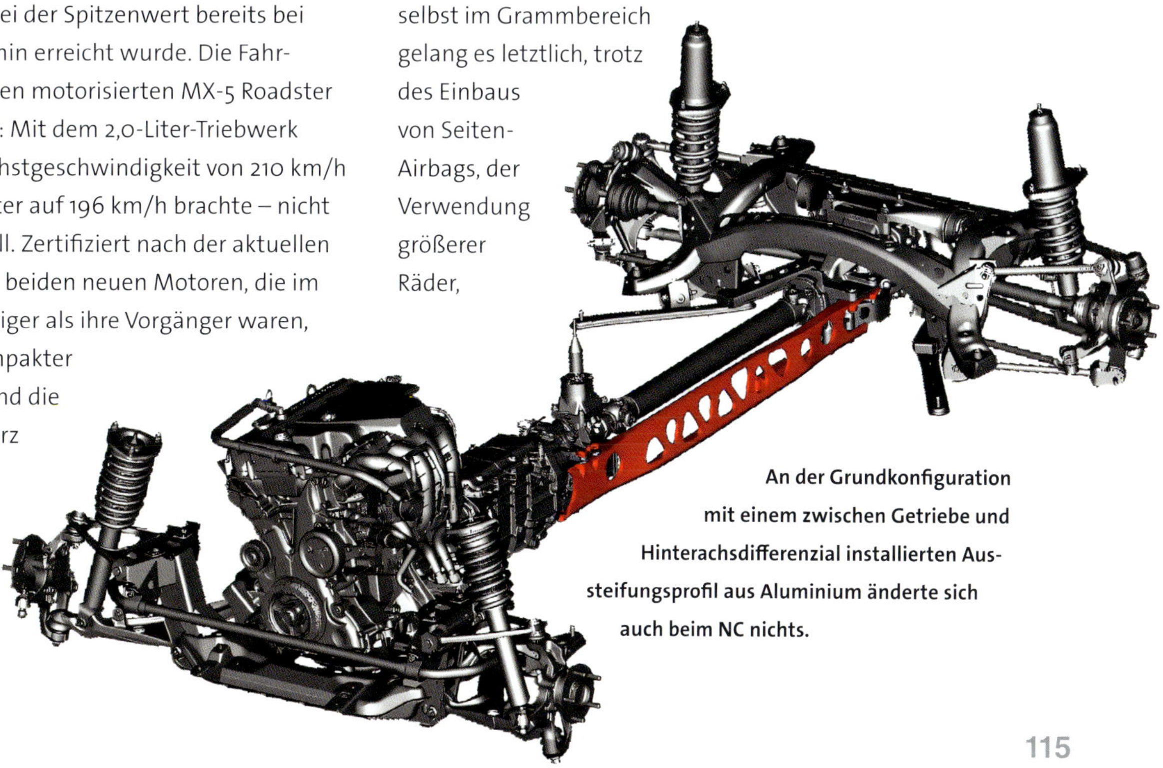

An der Grundkonfiguration mit einem zwischen Getriebe und Hinterachsdifferenzial installierten Aussteifungsprofil aus Aluminium änderte sich auch beim NC nichts.

einer aufgewerteten Grundausstattung und einer aus Sicherheitsgründen umfassend verstärkten Rohkarosserie, die Erhöhung des Fahrzeuggewichts – je nach Version – auf rund 10 Kilogramm zu beschränken. Als Leergewicht wurden beispielsweise beim Test eines 2,0-Liter-Modells durch das Fachmagazin »auto motor und sport« runde 1150 Kilo notiert – ein überaus bemerkenswertes Ergebnis, das die Seriosität des Entwicklungsansatzes bei Mazda einmal mehr unter Beweis stellte.

Die Modelle der neuen Generation wurden nach ihrer Weltpremiere Anfang März 2005 auf dem Genfer Salon auch dem interessierten US-amerikanischen Publikum vorgestellt, und zwar ganz persönlich auf der New York International Auto Show, deren Tore gerade einmal drei Wochen nach Genf öffneten. Bei dieser Gelegenheit wurde auch ein erstes, weltweit auf 3500 Exemplare limitiertes Sondermodell namens »3rd Generation« präsentiert, das, wie üblich, mit einem attraktiven Ausstattungspaket daherkam und dem Marktstart in den USA und allen anderen Exportmärkten den nötigen Schwung verleihen sollte. Wie sehr sich die Schwerpunktsetzung im globalen Marketing des kultigen Roadsters während des vergangenen Jahrzehnts verändert hatte, zeigte die Tatsache, dass der US-Markt, früher einmal absolut dominierend, nun lediglich noch 750 dieser Sondermodelle zugeteilt bekam, während allein für Deutschland 500 Fahrzeuge reserviert wurden.

Aber nicht nur dies hatte sich geändert. In Nordamerika sollte beim NC auch die traditionelle Zusatzbezeichnung »Miata« verschwinden, die den Verantwortlichen bei Mazda mittlerweile als zu feminin für einen so leistungsfreudigen und fahraktiven Roadster erschien. Allerdings dauerte es noch eine Weile, bis sich die dortige Vertriebsorganisation und die Händlerschaft zwischen West- und Ostküste auch mental von dem liebgewonnenen

Parallel zur Markteinführung der NC-Modelle lancierte Mazda weltweit das mit einem umfassenden Ausstattungspaket versehene Sondermodell »3rd Generation«.

Begriff mit seinen Wurzeln im Althochdeutschen verabschiedet hatte. Schon länger war auf dem japanischen Heimmarkt die Zuordnung des MX-5 zur sportlich-exklusiven Kunstmarke Eunos aufgegeben worden, da dieser Marketingtrick keine Impulse mehr für die Verkaufszahlen brachte. Unverkennbar standen die Zeichen der Zeit aus Gründen bestmöglicher Kosteneffizienz auf Standardisierung – für Individualismen solcher Art gab es schlicht kaum noch Raum.

Nach dem Genfer Premierenauftritt dauerte es immerhin noch ziemlich genau zwei Monate, bis im Mazda-Werk Ujina der Bandanlauf für die Hauptserie des neuen MX-5 startete. Die Planer gingen dabei von einem jährlichen Bedarf von etwa 40.000 Einheiten aus – ein absolut realistisches Szenario, das die aktuelle Wettbewerbssituation auf den verschiedenen Märkten widerspiegelte. Das galt auch für die angenommene Verteilung: Als Kernmarkt Nummer 1 betrachtete man mittlerweile Europa mit 18.000 Fahrzeugen, während man für Nordamerika mit 14.000 Einheiten kalkulierte. Fast schon zu einem Nischenmarkt war Japan selbst geworden: Man glaubte nicht daran, dort mehr als 4500 Exemplare pro Jahr absetzen zu können.

Bei einem traditionsreichen Erfolgsmodell wie dem MX-5 waren die einschlägig interessierten Medienvertreter natürlich begierig zu wissen, ob der neue denn auch noch – trotz aller erforderlicher Modernisierung – die klassischen Tugenden seiner Vorgänger zeigen konnte. Bei Mazda war man sich der Rolle nur zu bewusst, die diese Multiplikatoren gerade für das Sportwagen-affine Publikum rund um den Globus spielten. Gab es hier nach Testfahrten begeisterte Kommentare zu lesen, egal ob in gedruckter oder elektronischer Form, so musste man sich keine Sorgen um die Festigung der Marktposition des MX-5 machen. So ließen sich die Verantwortlichen in Hiroshima nicht lumpen und setzten die Fahrvorführung für

Hawaii war ein nicht allzu unangenehmer Ort für die von Mazda veranstaltete globale Fahrvorführung der neuen Roadstermodelle.

die Vertreter der wichtigsten globalen Leitmedien auf Hawaii an – das sorgte bei den Auserwählten schon einmal von Grund auf für gute Laune ...

Ebenso klar war aber, dass sich selbst die beste Laune verflüchtigte, wenn das Objekt der Begierde nicht die stets hohen Erwartungen erfüllte. Da die Mazda-Entwickler sehr genau wussten, was sie taten und welches Juwel sie mit dem – immer noch – kompakten Roadster in der Hand hatten, war dieses Risiko allerdings gering, und so war der Tenor der zahlreichen Testkilometer auf der Insel mitten im Pazifik rundum positiv. Man war sich einig, dass der MX-5 zwar erwachsener geworden war, aber nichts von seiner Faszination und konzeptionellen Stimmigkeit verloren hatte. Das Gesamtpaket empfanden die meisten Medienvertreter als noch harmonischer denn zuvor. Diese Beurteilung bestätigten auch ausführliche Tests der Fachmagazine, für die früh der Großserienfertigung entnommene Fahrzeuge zur Verfügung standen. Da sich die Markteinführung in Deutschland als einem der beiden bedeutendsten Absatzgebiete in Europa noch bis zum Januar 2006 hinzog, konnte zum Beispiel die Redaktion von »auto, motor und sport« erst im November 2005, ein halbes Jahr nach Produktionsbeginn, ein für den hiesigen Markt spezifiziertes Exemplar, ein »3rd Generation«-Sondermodell, ergattern. Es gab dennoch nicht den geringsten Zweifel, dass sich das lange Warten gelohnt hatte. Für die unter die Lupe genommene 2,0-Liter-Ausführung mit Editionspaket schlugen die Testredakteure nur die höchsten Töne an. Hatten sich Wettbewerber wie Fiat Barchetta und der Mittelmotor-MG inzwischen vom Spielfeld verabschiedet, so blieb der MX-5 auch in seiner neuesten Ausprägung und nach fünfzehn Jahren eine unbezwingbare Konstante. Als in jeder Hinsicht ideal ausbalancierte Fahrspaßmaschine mit voller Alltagstauglichkeit, die zudem noch in einem bürgerlichen Preissegment einsortiert war, gab es zu ihm weniger denn je eine Alternative auf dem – tendenziell kleiner werdenden – Sportwagenmarkt.

Was konnte man mehr wollen? Der Roadster bot ein perfekt passendes Fahrleistungsniveau mit einer Spitze von 210 km/h sowie einer Zeit für den Beschleunigungssprint auf 100 km/h von 8,1 Sekunden, und als Testverbrauch notierte man 9,6 Liter Super. Die Außenmaße blieben kompakt, innen gab es etwas mehr Platz und Komfort, aber nicht auf Kosten des unverändert günstigen Fahrzeuggewichts, das mit exakt 1142 kg für das Testfahrzeug angegeben wurde. Die Qualität, Verlässlichkeit und Langlebigkeit des MX-5 stand ohnehin außer Frage. Dazu kam noch der Einstandspreis, der mit 30.700,– Euro für das Editionsmodell in Topausführung auch für breitere Kundenkreise immer noch darstellbar war. Nichts schien vorerst einem weiteren Kapitel in der exemplarischen Erfolgsgeschichte des japanischen Kompakt-Roadsters im Weg zu stehen.

Es dauerte mehr als ein halbes Jahr, bis die Presseabteilung der deutschen Mazda-Niederlassung erste Testwagen zur Verfügung stellen konnte.

Eng beieinander stehend, fallen die optischen Unterschiede zwischen den Fahrzeugen der drei ersten MX-5-Generationen besonders ins Auge.

2006
Das Roadster Coupé: mehr als eine Mode?

Obwohl die Einführung der neuen Fahrzeuggeneration eher bedächtig vonstattenging und ein so aufnahmefähiger Markt wie der deutsche 2005 gar nicht mehr zum Zug gekommen war, durfte man in Hiroshima mit der ersten Absatzbilanz absolut zufrieden sein. Seit der Produktionsaufnahme im Mai waren in Japan, Nordamerika sowie in Großbritannien und Australien – Letztere als Rechtslenkermärkte wie Japan in bevorzugter Position – bereits fast 25.000 Fahrzeuge ausgeliefert worden. Damit befand man sich auf dem besten Weg, die Zielprojektion von 40.000 MX-5 pro vollem Verkaufsjahr nicht nur zu erreichen, sondern sogar zu übertreffen. In den USA hatten die Interessenten nach Ausverkauf des »3rd Generation«-Sondermodells die Wahl zwischen fünf unterschiedlich akzentuierten Ausführungen, allesamt ausschließlich mit dem 2,0-Liter-Motor versehen: das Basismodell, das »Touring«-Modell, das »Sport«-Modell, das »Grand Touring«-Modell und schließlich das »Club-Spec«-Modell. Wie immer bedeutete dies für die Kunden, dass sie sich für komplette Ausstattungspakete entscheiden mussten, was es Mazda vereinfachte, die Optionenlisten kurz zu halten und auf diese Weise eine kostspielige Überfülle an individuell konfigurierten Einzelfahrzeugen zu vermeiden. Dazu gab es mit dem seit Jahren angebotenen »Appearance Package« und dem »Interior Trim Package« zwei Optikpakete für außen und innen.

Bereits zum Jahreswechsel 2005/2006 hatte sich übrigens mit dem Pontiac Solstice ein neuer potenzieller Wettbewerber von General Motors zu Wort gemeldet, der nun, nach längeren Verzögerungen, zu den Händlern rollte. Es handelte sich dabei um eine Konstruktion auf Basis einer GM-Plattform, die in Europa ab März mit leicht veränderter Karosserie als Opel GT angeboten wurde. Mit zunächst 175 PS/129 kW und bald darauf 264 PS/194 kW – Letzteres die einzige Motorisierung in Europa – fiel dieser Roadster zwar aus dem Leistungsfenster des MX-5, nicht aber aus dessen Preisrahmen. In den USA kosteten bestausgestattete Fahrzeuge ebenso rund 25.000 Dollar wie die teuersten MX-5-Versionen. Das führte zu einem anfänglichen Verkaufsboom mit 13.000 Vorbestellungen und Kaufaspiranten, die Aufpreise zu zahlen bereit waren. Leider ging der Solstice 2009 im Strudel der GM-Insolvenz bereits unter, wie auch der Opel GT in Europa, aber abgesehen davon hatte es sich auch schnell erwiesen, dass beide weder in puncto Qualität noch in Sachen Alltagstauglichkeit und schon gar nicht im Hinblick auf die Harmonie des Gesamtpakets auch nur im Ansatz mit dem MX-5 mithalten konnten, und so war der Einfluss dieser Modelle auf die Marktposition des Japaners dies- wie jenseits des Atlantiks kaum bemerkbar.

Der Pontiac Solstice hätte in den USA, unterstützt durch die aggressive Preispolitik von GM, zu einem ernsthaften Wettbewerber des MX-5 werden können.

Wie in den USA, so konzentrierte man sich auch auf dem japanischen Heimmarkt auf die 2,0-Liter-Version des Roadsters; die Einstiegsversion mit dem 1,8-Liter-Triebwerk wurde im Wesentlichen nur noch auf den europäischen Märkten, so auch dem deutschen, angeboten. Japanische Interessenten hatten die

Der Opel GT blieb als europäische Variante des Solstice trotz stattlicher Leistungsdaten weit hinter den Verkaufserwartungen zurück.

In Japan war das zum Marktstart der NC-Modelle aufgelegte »3rd Generation«-Sondermodell auch in der Kombination weiße Lackierung und rote Lederausstattung erhältlich. Obligatorisch war der verchromte und polierte Frontscheibenrahmen sowie die mit dem gleichen Finish versehenen Alufelgen.

Wahl zwischen drei Ausführungen: dem Basismodell, einfach Roadster genannt, dem sportlich geschärften RS- sowie dem eher nobel ausstaffierten VS-Modell. Diese Strategie erwies sich als goldrichtig, denn nach den desaströsen Verkaufsergebnissen der letzten Jahre zeigte die Absatzkurve wieder nach oben. Fast 4000 Fahrzeuge, die allermeisten von ihnen der neuen Generation zugehörig, konnten bereits im Premierenjahr 2005 ausgeliefert werden. Dabei zeigte sich, dass sich vorwiegend Kunden der Altersgruppe um die 30 Jahre für den neuen MX-5 begeistern konnten und hier wiederum vor allem für die betont sportlich zugeschnittene RS-Version mit 6-Gang-Getriebe.

Zwar war in Deutschland die offizielle Markteinführung der NC-Generation auf den Januar 2006 terminiert, doch wurde bereits vorab, im Oktober 2005, mit der Auslieferung des Sondermodells »3rd Generation« begonnen. Es war ausschließlich mit dem 2,0-Liter-Triebwerk und 6-Gang-Getriebe zu haben und wies eine Fülle zum Teil exklusiver Merkmale auf. Dazu zählten im Äußeren unter anderem eine Sonderlackierung in Tornadorot metallic samt roter Teillederausstattung, polierte 17-Zoll-Felgen, eine Chromumrandung der Windschutzscheibe sowie ebenfalls verchromte Schmucküberrollbügel und weitere Chromakzente. Im Interieur gab es ein lederbezogenes Multifunktionslenkrad,

In Japan besonders beliebt waren die »RS«-Ausstattungspakete, die betont sportlich spezifiziert waren. In seiner Heimat hieß der frühere Eunos Roadster nun auch Mazda.

Das ebenfalls auf dem heimischen Markt angebotene »VS«-Modell kam eher nobel und komfortorientiert daher. Ein Automatikgetriebe war hier durchaus passend.

Für den deutschen Markt gab es für das »3rd Generation«-Modell als üppige Zugabe teilweise speziell hergestellte Kleidungsstücke und sogar eine (Herren-)Armbanduhr.

elektrische Fensterheber, einen Tempomat und die BOSE Soundanlage mit 6-fach-CD-Wechsler. Auch das Thema Fahrdynamik kam nicht zu kurz: Im Umfang enthalten waren beispielsweise das Sportfahrwerk mit Bilstein-Gasdruckdämpfern und ein Sperrdifferenzial.

Für deutsche Verhältnisse eher ungewohnt, sollte ein fahrzeugfremdes sogenanntes »Vorverkaufspaket«, das mitgeliefert wurde, die Attraktivität des Sondermodells noch weiter steigern. Es umfasste ein Poloshirt des italienischen Edelherstellers FILA, eine Levi's Jeans, ein Paar exklusiv für Mazda hergestellte Sportschuhe von Puma sowie als Highlight eine Fliegeruhr der Marke Sinn mit in Wagenfarbe lackiertem Zifferblatt und einem Armband aus dem roten Leder der Sitze. Diese aufwändige Marketingmaßnahme verfehlte ihr Ziel nicht, und die 500 für Deutschland reservierten Exemplare waren, trotz der wenig Cabrio-freundlichen Jahreszeit, im Nu vergriffen. Aber auch bei den ab Januar des neuen Jahres verfügbaren regulären Modellen brauchte sich Mazda Deutschland keine Sorgen um die Vertriebsergebnisse zu machen. Inzwischen war man auch hierzulande zum System der Ausstattungslinien übergegangen. Dabei fungierte der MX-5 »Emotion« als Einstiegsversion, war aber sowohl mit dem 126 PS/93 kW starken 1,8-Liter-Motor wie mit dem 2,0-Liter-Triebwerk und 160 PS/118 kW, jeweils mit 5-Gang-Getriebe, lieferbar. Der Ausstattungsumfang war durchaus beachtlich und umfasste unter anderem ein Stabilitäts- sowie ein Traktionskontrollsystem, ein Sperrdifferenzial

Die Limitierungsplakette garantierte die Authentizität der 3500 hergestellten Editionsmodelle.

(in Verbindung mit dem großen Motor), eine komplette Airbagausstattung, ein höhenverstellbares Lenkrad, elektrische Fensterheber, eine Zentralverriegelung mit Funkfernbedienung, das Mazda Audiosystem, ein Windschott sowie eine heizbare Glasheckscheibe im Faltverdeck. Die Liste zusätzlicher Extras war denkbar kurz und beschränkte sich auf eine Klimaanlage, 16-Zoll-Leichtmetallfelgen sowie das von früher bekannte Touring-Paket mit weiteren Ausstattungsgoodies, wie zum Beispiel einem Multifunktionslenkrad, Einstiegsleisten aus Edelstahl, Lederschaltknauf und zusätzlichen Ablagemöglichkeiten.

Darüber positioniert war die Variante MX-5 »Energy«, die ebenfalls mit beiden Motoren samt jeweiliger 5-Gang-Schaltbox kombiniert werden konnte und beispielsweise 16- bzw. 17-Zoll-Leichtmetallfelgen mit Bereifung 205/50 R16 bzw. 205/45 R17, eine Klimatisierungsautomatik, einen MP3-fähigen CD-Player sowie die Umfänge des Touring-Pakets beinhaltete. Gegen Aufpreis standen Aufwertungen wie eine schwarze Lederausstattung inklusive Sitzheizung, das BOSE-Soundsystem mit 6-fach CD-Wechsler sowie ein sogenanntes Professional-Paket mit schlüssellosem Zugang und Alarmanlage sowie für die 2,0-Liter-Version

Ein wahrhaftiger Paukenschlag: Äußerlich als solches kaum zu erkennen, feierte auf der British International Motor Show 2006 in London das neue Roadster Coupé seine Premiere.

ein Licht-Paket mit Xenon-Hauptscheinwerfern und Nebelscheinwerfern bereit.

Die Rolle als Topvariante spielte der ausschließlich mit dem 118 kW/160 PS-starken 2,0-Liter-Triebwerk inklusive dem begehrten 6-Gang-Getriebe ausgestattete MX-5 »Expression«, der sich unter anderem mit Bilstein-Sportfahrwerk und dickerem hinteren Querstabilisator, vorderer Domstrebe und Xenon-Hauptscheinwerfern mit Reinigungsanlage sowie weiteren Nettigkeiten wie einer Aluminium-Pedalerie besonders sportlich präsentierte. Auch hier gab es optional nur die schwarze Lederausstattung inklusive Sitzheizung, das BOSE-Soundsystem mit sechsfach CD-Wechsler und das Professional-Paket zu ordern. Das Xenon-Licht gehörte bereits zum Serienumfang. Die Brutto-Verkaufspreise der neuen Modelle starteten zum Zeitpunkt ihrer Markteinführung bei 21.190,– Euro.

Während die Fahrzeuge der MX-5-Generation NC nach und nach auf allen Exportmärkten mit Erfolg ausgerollt wurden, vollzog sich im Hintergrund Erstaunliches. Obwohl der kompakte Roadster in jeder Beziehung in einer eigenen Liga spielte, fühlten sich die Produktplaner in Hiroshima dazu berufen, einen – gar nicht mehr so neuen – Trend im Cabriobau für so nachhaltig und publikumswirksam zu halten, dass man glaubte, sich diesem bei einem so speziellen Fahrzeug wie dem MX-5 nicht länger entziehen zu können. Von außen betrachtet, ist es heute kaum mehr nachvollziehbar, was die Verantwortlichen seinerzeit dazu trieb, aus dem Roadster mithilfe eines klappbaren Kunststoff-Hardtops etwas zu machen, das man dann als »Roadster Coupé« bezeichnete. Irgendwie war das die Antwort auf eine Frage, die – zumindest beim MX-5 – niemand wirklich gestellt hatte …
Wie auch immer: Auf der British International Motor Show in London war die neue Modellvariante Ende Juli 2006 erstmals zu besichtigen.

Den Trend zum faltbaren Metalldach hatte bereits ein Jahrzehnt zuvor Mercedes-Benz mit dem SLK Roadster ausgelöst. In ihrem unstillbaren Perfektionsdrang empfanden die Stuttgarter Entwickler die Ganzjahresqualitäten eines Fahrzeugs mit Stoffverdeck als so wenig überzeugend, dass sie durch ein elektrisch klappbares Blechdach die Vorteile eines Cabrios bzw. Roadsters mit denen eines Coupés kombinieren wollten. Ihnen gelang dabei eine ingenieurtechnische Meisterleistung, die alle Interessierten faszinierte und den SLK von Beginn an zu einem Bestseller machte. Die – nicht geringen – Nachteile einer solch aufwändigen technischen Lösung wurden im Sturm der allgemeinen Begeisterung beiseitegeschoben. Jeder Betrachter starrte wie gebannt auf die perfekte Choreografie des sich aus- und einklappenden Metalldachs. Dass dessen zumeist großflächigen Elemente in gefaltetem Zustand quasi das komplette Kofferraumvolumen für sich beanspruchten, war den meisten nicht einmal eine Nebenbemerkung wert. Auch dass die komplexe Steuerhydraulik, die komplizierte Faltmechanik und das Dach selbst mit seinen Glasfenstern jede Menge Zusatzgewicht samt einem nach oben verschobenen Fahrzeugschwerpunkt bedeuteten – samt allen damit verbundenen Nachteilen für die Fahrdynamik –, wurde bei der Beurteilung gern einmal ausgeblendet.

Fraglos konnten solche Klapphardtops auch manche Vorteile für sich verbuchen: Bei Schlechtwetter und winterlichen Bedingungen vermittelten sie tatsächlich echtes Coupé-Gefühl, und auch in der Waschanlage fühlte man sich wohler; empfindliche Naturen verspürten sogar ein höheres Sicherheitsgefühl durch das feste Dach. Der ungemein erfolgreiche SLK war aber genuin

Mercedes-Benz hat's (zumindest in neuzeitlicher Form) erfunden: Der mit einem klappbaren Metalldach (die Stuttgarter nannten es Variodach) ausgestattete SLK Roadster ließ eine Menge Nachahmer auf den Plan treten.

als Blechdach-Roadster konzipiert worden, und nicht nur darin unterschieden sich die meisten der ihm folgenden Konstruktionen von ihm. Peugeot mit dem 206 CC und Daihatsu mit dem winzigen Copen waren im Jahr 2000 die ersten Nacheiferer am Start, dann kam der Mercedes-Benz SL, Baureihe R 231, dem ab 2003 in dichter Reihung der Peugeot 307 CC, die Opel Tigra und Astra TwinTop, der Volvo C 70, der VW Eos, der Mitsubishi Colt CZC und noch manche Spätberufene wie der BMW 3er, Baureihe E 93, und der Z4, Baureihe E 89, folgten. Die einzigen echten Roadster, das heißt kompromisslosen Zweisitzer, in dieser Gruppe waren der Urvater SLK und der zunächst ausschließlich als Rechtslenker lieferbare Daihatsu sowie später der BMW Z4. Alle anderen Vertreter der Gattung wiesen zumindest rudimentäre Rücksitze auf, was die Vermutung nahelegt, dass sich die Produktplaner hier einen etwas größeren potenziellen Kundenkreis versprachen, als es bei einem reinen Zweisitzer der Fall war.

Wie passte nun das MX-5 Roadster Coupé in dieses Umfeld? Es stand schlichtweg allein! Weder den SLK noch den Copen konnte man als direkte Wettbewerber bezeichnen, für die einschlägigen Modelle der anderen Hersteller traf dies erst recht nicht zu.

Der Peugeot 206 CC wurde mit seinem Blechfaltdach in der kleinen Klasse ein außerordentlicher Erfolg.

Opels Tigra TwinTop war eher hübscher und kompetenter als der Peugeot, erreichte aber nur ein Viertel von dessen Verkaufszahl.

Von eher eigenwilliger Ästhetik war der Mitsubishi CZC, der das Segment als Nachzügler bereicherte. In der 1,5-Liter-Turbo-Version war er aber eine kleine Bombe...

Als der Z4 von BMW herauskam, hatte der SLK das Terrain der Roadster mit Klapp-Hardtop schon erheblich abgegrast. Insgesamt über 700.000 Stück verkauften die Stuttgarter.

MX-5-Baureihenchef Takao Kijima versprach sich von der neuen Roadster Coupé-Variante eine Vergrößerung des Interessentenkreises.

Demnach schwebte die Frage im Raum, ob es denn überhaupt dieser neuen Version bedurfte, um Vorteile bei der Marktpositionierung zu erzielen. Offiziell gab Mazda an, dass der Trend zum Klapphardtop auch bei MX-5-Interessenten zu Begehrlichkeiten in dieser Richtung geführt hatte. Viele dieser potenziellen Kunden seien bislang noch keine MX-5-Käufer gewesen, »fänden es aber reizvoll, mit Hilfe des festen Dachs das Erlebnis des Offenfahrens noch komfortabler als bislang schon erleben zu können.« Der in Hiroshima als Produktverantwortlicher tätige Takao Kijima zeigte sich davon überzeugt, dass man »mit dem neuen Modell die weltweite Fan-Basis des MX-5 noch verbreitern« könne. Gleichwohl räumte er ein, dass für viele »Hardcore-Fans« der Baureihe ein »wahrer« Roadster nur über ein Stoffverdeck verfügen dürfe. Aber, so gab er zu Protokoll, »wir kennen viele potenzielle Kunden, die sehr gerne das aufregende Open-Air-Feeling eines Mazda MX-5 erleben würden, jedoch aus Sicherheits- und Komfortbedenken noch mit einer Kaufentscheidung zögern.« Das Problem war nur, dass die nachträgliche Integrierung eines Falthardtops dazu geeignet war, das bewährte Technikkonzept des Roadsters bis ins Mark zu treffen. Mehr Gewicht, ungünstigere Schwerpunktlage, Verschlechterung der gerade eben verbesserten Platzverhältnisse und möglichweise negative Folgen für das äußere Erscheinungsbild gefährdeten seine klassische DNA. Da man aber nun dennoch partout auf den Zug aufspringen wollte, hatten die Entwickler vor der schwierigen Aufgabe gestanden, überzeugende Lösungen für diese kritischen Punkte finden zu müssen.

An mangelnder Kreativität, so zeigte das finalisierte Roadster Coupé, hatte es den Ingenieuren in Hiroshima dabei jedenfalls nicht gemangelt. Tatsächlich erfüllten sie die anspruchsvollen Vorgaben des Lastenhefts mit Bravour. Höchste Priorität genoss natürlich das Gewichtsthema. Hier holten sich die Entwickler Unterstützung von der japanischen Niederlassung des deutschen Dachsystem-Spezialisten Webasto aus dem oberbayerischen Stockdorf. Dessen Ingenieuren war es gelungen, den Zuwachs trotz eines relativ großen Heckfensters auf nur 37 Kilogramm zu begrenzen, vor allem, weil das Dach nicht aus Metall bestand, sondern in Kunststoff-Verbundbauweise ausgeführt war und nur zwei Klappsegmente aufwies. Damit wurde auch dem Aspekt der die Fahragilität beeinträchtigenden ungünstigeren Schwerpunktlage die Brisanz genommen. Knapp 40 Kilo waren zwar nicht nichts, aber zu wenig, um hier merklich negative Auswirkungen herbeizuführen. Bei manchen Falthardtop-Konstruktionen anderer Hersteller erhöhte sich das Fahrzeuggewicht dagegen um Werte im dreistelligen Kilobereich, was sehr wohl die Fahreigenschaften wie die Fahrleistungen verschlechterte.

Clou der Konstruktion war, dass sich das Dach in gefaltetem Zustand nicht im Kofferraum, sondern unmittelbar hinter den Sitzen ablegte, was ein Alleinstellungsmerkmal im Wettbewerbsvergleich darstellte und das bisherige Kofferraumvolumen unangetastet ließ. Mehr oder weniger unverändert bleiben sollte auch die gesamte Linienführung des Roadster Coupés. Die Silhouette des Softtop-Roadsters mit niedriger Schulterpartie konnte fast in vollem Umfang beibehalten werden, und im Gegensatz zu nahezu allen anderen Klapphardtop-Cabrios musste dank der superkompakten Faltkinematik des Dachs auch der Hecküberhang nicht verlängert werden, was sicher

2006

Den Mazda-Ingenieuren gelang das Kunststück, durch die Integration des Klapp-Hardtops nicht die MX-5-Silhouette zu verschandeln; zudem lagerte das gefaltete Dach nicht im Kofferraum, sondern hinter den Sitzen. Für Umstehende hatte die perfekt abgestimmte Choreografie des Ein- und Ausklappprozesses stets etwas Faszinierendes.

Das Kofferraumvolumen der Roadster Coupé-Version unterschied sich auch bei eingeklapptem Dach nicht von dem des Roadsters. Damit hatte die Mazda-Konstruktion seinen echten oder eher potenziellen Konkurrenten einen entscheidenden Vorteil voraus.

das komplette Erscheinungsbild des MX-5 ruiniert hätte. Faktisch entsprach die Optik des Roadster Coupés von der Windschutzscheibe über den gesamten Vorderbau, die kleinen Dreiecksfenster, die Gürtellinie bis hin zu den meisten Elementen der Seitenpartie der des Schwestermodells. Lediglich im Heckbereich führte die Notwendigkeit zur Unterbringung des Klappdachs zu einigen subtilen Veränderungen, etwa im Bereich der hinteren Kotflügel und des Kofferraumdeckels. Durch die Verdeckkasten-Abdeckung baute das Heck an der vorderen Kante jetzt 40 Millimeter höher, weshalb die Designer den Kniff anwandten, die Hinterkante des Kofferraumdeckels ebenfalls um 20 Millimeter anzuheben, um die Heckpartie harmonisch zu gestalten und nicht zu harsch nach

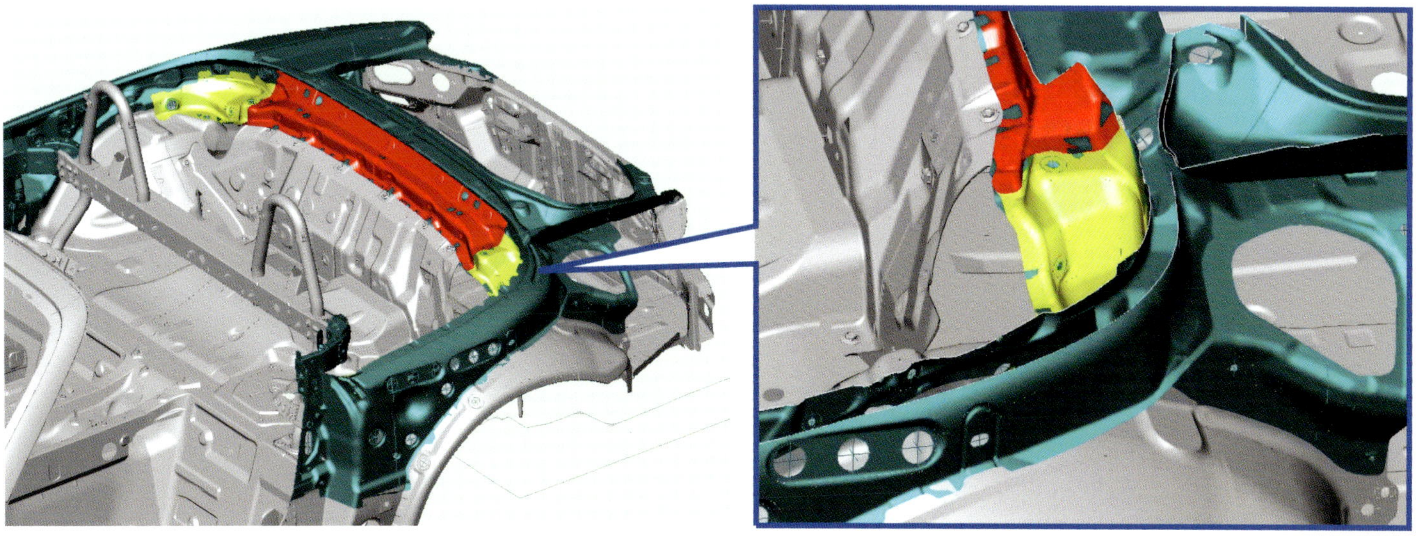

Die für das Klapp-Hardtop nötigen Modifikationen am Karosseriekörper des MX-5 hielten sich in engen Grenzen.

Selbst in der kritischen Dreiviertelansicht von hinten durfte man dem Roadster Coupé auch bei geschlossenem Dach eine weitestgehend perfekte Optik attestieren.

hinten abfallen zu lassen. Sozusagen als visuelles Gegengewicht zum etwas höheren Heck modellierten die Stylisten die ohnehin betonten hinteren Radläufe noch etwas prägnanter. Kein Zweifel: Insgesamt durfte man die optische Umsetzung des Roadster-Coupé-Konzepts als absolut gelungen bezeichnen.

Anders als sonst von Mazda gewohnt, lagen im Fall der neuen Version zwischen der Publikumspremiere in London und dem Marktstart in Japan nicht viele Monate, sondern nur ein paar Wochen. Der Verkaufsbeginn vor Ort war auf den 23. August terminiert, kurze Zeit später folgten die USA und der in Europa stets bevorzugte britische Markt – allesamt rechtzeitig zum Beginn des neuen Modelljahres, das, wie auf vielen Märkten üblich, im September eingeläutet wurde. Deutsche Interessenten mussten jedoch noch bis zum Januar 2007 warten, bis sie das Roadster Coupé persönlich in Augenschein nehmen konnten. Um den Roadster während der Wartezeit weiter interessant zu halten – schließlich war er erst ca. ein Jahr auf dem Markt –, lancierte die deutsche Mazda-Repräsentanz in Leverkusen ein auf 252 Exemplare limitiertes Sondermodell namens »Black & White«. Der Name war hier Programm: Auf Basis der Ausstattungslinie

Die leichten Retuschen am Kofferraumdeckel und den hinteren Radläufen, die man am Roadster Coupé vorgenommen hatte, waren kaum identifizierbar.

Die Roadster-Sondermodelle »Black & White« waren in Kombination mit beiden Motorversionen erhältlich und wie üblich generös ausgestattet.

»Energy«, hier kombinierbar mit dem 1,8- und dem 2,0-Liter-Motor, und als 2,0-Liter-»Expression« sollte neben der bisher schon bekannten Lackfarbe Brillantschwarz, die neue Trendfarbe Pegasusweiß gefeaturt werden. Zur Grundausstattung der beiden Lines, die Leichtmetallfelgen, eine Klimaautomatik sowie ein Lederlenkrad mit Bedientasten für das Audiosystem umfasste, addierten sich noch einige Spezialitäten wie eine schwarze Lederausstattung mit Sitzheizung, ein Mazda-spezifisches mobiles Navigationssystem von VDO sowie ein an das Audiosystem anschließbarer Apple iPod »Nano« mit 2 GB Speicherplatz in zur Außenlackierung jeweils kontrastierender Farbe Schwarz oder Weiß.

Die Absatzbilanz nach dem ersten vollen Verkaufsjahr präsentierte sich für die Fahrzeuge der NC-Generation mehr als zufriedenstellend. Auf dem japanischen Heimmarkt konnte die 4000er-Schwelle überschritten werden, und mit über 18.000 Einheiten knüpften die nordamerikanischen Märkte an Jahre zurückliegende Boomzeiten an. In Europa wurden sogar fast 20.000 MX-5 neu zugelassen, ein Spitzenergebnis, wie es zuletzt 2002 erzielt worden war. Beachtet werden muss dabei allerdings, dass das neue Roadster Coupé in den von Mazda offiziell verlautbarten Absatzzahlen nicht gesondert aufgeführt, sondern im Gesamtergebnis für den MX-5 integriert war. Außerdem war diese Version auf einem so bedeutenden Markt wie dem deutschen 2006 noch gar nicht erhältlich gewesen. Über die wahre Akzeptanz des Roadster Coupés – und ob die Einschätzung der Verantwortlichen in Hiroshima zutreffend war, dass damit neue Käuferkreise erschlossen werden könnten – war vor diesem Hintergrund zunächst keine handfeste Aussage zu treffen. Dennoch war an den Zahlen unstrittig ablesbar, dass der Markteintritt der dritten MX-5-Generation überaus erfolgreich verlaufen war.

2007

Schwierige Zeiten im Anmarsch

Zu Anfang des Jahres konnte noch niemand ahnen, dass sich ab August, ausgehend von den USA, eine globale Banken- und Finanzkrise entfalten würde, die mit fortlaufender Zeit in eine Weltwirtschaftskrise mündete, wovon natürlich auch die Automobilindustrie betroffen wurde. Die Auswirkungen dieser Geschehnisse schlugen aber erst ab Ende des Folgejahres auf die Verkaufszahlen durch, die weltweit dramatisch abstürzten. Zunächst war die Stimmung aber noch bestens, und Ende Januar verkündete Mazda stolz, dass inzwischen die Marke von 800.000 seit 1989 produzierten MX-5 überschritten worden sei. Vor diesem Hintergrund sah man in Hiroshima keine Veranlassung, die seit

Gleiche Fotolocation, neues Auto und neuer Stückzahlrekord: Inzwischen hatte Mazda die Zahl von 800.000 seit 1989 produzierten MX-5 überschritten.

vielen Jahren bewährten Marketingstrategien im Inland wie auf den wichtigsten Exportmärkten grundsätzlich zu ändern. Durch die Ankunft des Roadster Coupés stellte sich jedoch die Frage, ob beispielsweise bei den Ausstattungspaketen und bei Sondermodellen zwischen Softtop- und Klapp-Hardtop-Version differenziert werden sollte – schließlich war davon auszugehen, dass beide Käuferzielgruppen nicht völlig deckungsgleiche Einstellungsmuster zeigten.

Die Verantwortlichen bei Mazda entschieden sich letztlich dafür, dies flexibel zu handhaben. Beispiel Deutschland: Ab März stand hierzulande das auf 800 Exemplare limitierte Sondermodell MX-5 »Mithra« in den Preislisten. Basierend auf den Ausstattungen »Emotion« sowie »Expression« und mit beiden Motorisierungen erhältlich, wurde es nur für die Roadsterversion angeboten. Zu den Umfängen der »Mithra«-Modelle gehörten, je nach Motorisierung, 16- oder 17-Zoll-Leichtmetallfelgen, das Touring-Paket, eine Klimaautomatik, Nebelscheinwerfer und serienmäßige Metalliclackierung. Exklusiv an Bord waren darüber hinaus eine beige-graue Lederausstattung mit Sitzheizung, farblich abgestimmte Kontrastziernähte an Lederlenkrad, Schaltknauf und Handbremsgriff sowie Armaturenapplikationen im Silber-Look und Chrom-Applikationen in den Hauptscheinwerfern, an Frontgrill, Türgriffen und Designbügeln. Weitere Erkennungsmerkmale waren weiße Seitenblinker mit Chromeinfassung, die ebenfalls in weiß gehaltene dritte Bremsleuchte sowie drei Metalliclackierungen, von denen eine, Festivalschwarz, je nach Lichteinfall schimmerte, und die exklusiv den »Mithra«-Ausführungen vorbehalten waren. Eine Merkwürdigkeit für ein Sondermodell war allerdings, dass in Verbindung mit der 2,0-Liter-Maschine, die in der »Expression«-Ausstattung serienmäßigen Xenon-Hauptscheinwerfer gestri-

Die Ausstattungsversion »Mithra« war ebenfalls nur dem Roadster vorbehalten und konnte auch in Verbindung mit beiden Triebwerken geordert werden.

Attraktiv war die exklusive hellgraue Lederausstattung der »Mithra«-Sondermodelle. Sie fand sich in ähnlicher Weise auch in den britischen »ZSport«-Modellen wieder.

chen wurden. Da war wohl mit dem ganz spitzen Bleistift gerechnet worden …

Apropos Preiskalkulation – Mazda versuchte weltweit, das neue Roadster Coupé, das seit Jahresbeginn auch in Deutschland zur Verfügung stand, im Vergleich zum Roadster preisaggressiv zu positionieren, das heißt, den Aufpreis für das Mehr an Technik und Ganzjahrestauglichkeit in möglichst engen Grenzen zu halten. Im Fall des hiesigen Marktes hieß das, dass beispielsweise die teuerste Version, der 2,0-Liter »Expression«, als Softtop für 28.200,– Euro angeboten wurde, während für das Roadster Coupé nur etwa 1600,– Euro mehr berechnet wurden. Man hoffte, mithilfe dieser attraktiven Preisgestaltung die Käuferbasis für den MX-5 tatsächlich verbreitern zu können.

Als im Frühjahr 2007, etwa ein halbes Jahr nach ihrer Markteinführung, die Klapp-Hardtop-Version flächendeckend verfügbar war, hatten auch die ersten ausführlichen Tests ihren Niederschlag in den Fachmedien gefunden. Das Magazin »auto motor und sport« bescheinigte, wie weltweit fast alle anderen einschlä-

Im direkten Vergleich ist gut zu erkennen, dass die optischen Unterschiede zwischen einem Softtop-MX-5 und einem mit Klapp-Hardtop minimal waren.

gigen Publikationen, dem Roadster Coupé eine hervorragende Umsetzung des Dach-Konzepts – ein Resümee, das bei weitem nicht allen solchen Konstruktionen zuteilwurde. Das, je nach Motorisierung, um 1200 kg pendelnde Leergewicht erwies sich ebenso wenig als Negativfaktor, wie der leicht höhere Fahrzeugschwerpunkt. In puncto Fahragilität und Harmonie des Gesamtpakets müssten keinerlei Abstriche gemacht werden – im Gegenteil: Zusätzlich vermerkte man auf der Habenseite einen bei geschlossenem Dach deutlich niedrigeren Innengeräuschpegel sowie eine wegen der günstigeren Aerodynamik um 5 km/h höhere Endgeschwindigkeit.

Die Angebotspalette auf dem heimischen japanischen Markt umfasste 2007, wie üblich, auch zwei Sondermodelle, die Ausführung »Blaze Edition«, die bereits zu Jahresbeginn erhältlich war, sowie ab Oktober die »Prestige Edition« – beide standen für Roadster und Roadster Coupé bereit. In den USA kam es durch die Ankunft der Klapp-Hardtop-Version, vor Ort auch gerne mit dem Kürzel »PHRT« (Power Retractable Hard Top) bezeichnet, zu einer Neusortierung der einzelnen Ausstattungslinien. So entfiel die bisherige Basisausführung »Club Spec«, und das Angebot präsentierte sich nun dreigliedrig, bestehend aus den Lines »Sport«, »Touring« und »Grand Touring«, die für beide MX-5-Versionen verfügbar waren. Unterschiede zwischen Roadster und Roadster Coupé bestanden vor allem in der angebotenen Palette an Lackfarben. Im Roadster-Land Großbritannien gab es 2007 ebenfalls zwei Sondermodelle, den »ZSport« und im Frühjahr den »Icon« – beide waren nur in klassischer Softtop-Version zu haben. Ob diese Entscheidung darauf zurückzuführen war, dass die britische Mazda-Dependance in Kenntnis ihrer Kundschaft den Roadster weiter pushen wollte oder ob sie eher vermutete, dass eine verkaufsfördernde Maßnahme für das traditionelle Softtop-Modell angesichts des wetterresistenteren Roadster Coupés angebracht sei, muss der Spekulation überlassen bleiben. Fest steht dagegen, dass die »ZSport«-Ausstattung vieles mit der japanischen »Blaze«- und der deutschen »Mithra«-Ausstattung gemeinsam hatte.

Wie so häufig, gab es auch bei den Schwestermodellen »Mithra« aus Deutschland und »ZSport« aus Großbritannien den einen oder anderen Unterschied in der Spezifikation: Die hellgraue Lederausstattung war identisch, aber die im Umfang enthaltenen Leichtmetallfelgen waren jeweils anders gestaltet.

Was die Verkaufszahlen anging, hielten sich die Auswirkungen der sich erst Schritt für Schritt entwickelnden globalen Wirtschaftskrise, deren Initialzündung im August die Pleite der US-Großbank Lehman Brothers gewesen war, durchaus noch in überschaubaren Grenzen. In Japan wurden mit 3800 Fahrzeugen gerade einmal 200 Einheiten weniger als 2006 verkauft, und auch in Europa, nach wie vor die weltweit stärkste Verkaufsregion, konnte das bisherige hohe Absatzniveau weitgehend gehalten werden: Statt rund 19.500 Fahrzeuge, wie im zurückliegenden Jahr, wurden 2007 fast 18.900 MX-5 ausgeliefert. Etwas stärker schwächelte – aus nachvollziehbaren Gründen – einzig der nordamerikanische Markt, wo das Volumen von rund 18.500 auf knapp 16.900 Fahrzeuge sank. Auf welche Versionen sich diese Gesamtzahlen wie verteilten, wurde weiterhin nicht kommuniziert. Fakt blieb aber, dass zum Zeitpunkt des Jahreswechsels auf 2008 niemand verlässlich zu prognostizieren vermochte, in welche Richtung sich die Weltwirtschaft entwickeln würde. Wie es den Anschein hatte, gab es für Optimismus aber nicht allzu viel Anlass.

2008
Die Woge rollt

Mit den zahlreicher werdenden Hiobsbotschaften aus der globalen Finanzindustrie und deren Auswirkungen auf Industrie und Otto Normalverbraucher tat ein weltweit aktiver Fahrzeughersteller wie Mazda gut daran, sich seine nächsten Schritte sehr genau zu überlegen; insbesondere dann, wenn er ein für breite Käuferkreise gedachtes, also vergleichsweise preiswertes Nischenfahrzeug wie den MX-5 im Programm hatte. Offensichtliche Konsequenz der internen Erörterungen war, dass man unter den gegebenen Umständen den Schwerpunkt seiner wohldosierten Vertriebsförderungsmaßnahmen von den USA nach Europa verlegte, wo man sich vermutlich eine höhere Stabilität der Absatzmärkte in sich verschärfenden Krisenzeiten versprach.

Eine Signalwirkung hatte hier das noch kurz vor Weihnachten 2007 zuerst in Großbritannien lancierte, limitierte Sondermodell namens »Niseko«, das ab März 2008 auch auf den deutschen Markt kam. Benannt nach einem hochrangigen japanischen Skiresort – das außerhalb des Landes vermutlich kaum einer kannte –, waren diese Editionsfahrzeuge mit diversen exklusiven und für japanische Verhältnisse geradezu expressiven Ausstattungselementen ausstaffiert. Dazu gehörten zum Beispiel eine dunkelbraune Lederausstattung mit ungewöhnlichen hellblauen

Das Editionsmodell »Niseko« war das erste, das auch als Roadster Coupé erhältlich war. Kennzeichnend war vor allem die individuelle Farbgestaltung der Lederausstattung.

Kontrastziernähten und Sitzheizung sowie im Fall des Roadsters ein ebenfalls in Dunkelbraun gehaltenes Stoffverdeck, die in Dunkelsilber lackierten 17-Zoll-Leichtmetallfelgen im 10-Speichen-Design oder auch die Metalliclackierung im Farbton Pontosblau. Äußere Erkennungsmerkmale waren unter anderem weiße Seitenblinker sowie Chromzierteile an Scheinwerfern, vorderem Lufteinlass und Nebelscheinwerfern. Gegen einen Aufpreis von 1500,– Euro war zusätzlich ein »Plus-Paket« erhältlich, das das bekannte BOSE-Soundsystem mit 6-fach CD-Wechsler, sieben Lautsprechern und MP3-Kompatibilität ebenso umfasste wie Xenon-Hauptscheinwerfer samt Reinigungsanlage.

Die »Niseko«-Ausführung war sowohl mit dem 1,8- wie mit dem 2,0-Liter-Motor kombinierbar, vor allem aber sowohl für den Roadster als auch für das Roadster Coupé verfügbar. Damit war es das weltweit erste Editionsmodell, das auch für die Klapp-Hardtop-Version des MX-5 angeboten wurde. Ein Zeichen der Zeit war die angesichts der Ausstattungsumfänge überaus attraktive Preisgestaltung: Mit dem kleinen Motor wurden in Deutschland 21.700,– Euro für den »Niseko«-Roadster und 23.700,– Euro für das entsprechende Roadster Coupé fällig. Die 2,0-Liter-Version kostete 23.400. bzw. 25.400 Euro, was einen Kundenvorteil von bis zu rund 6000,– Euro bedeutete – eine Größenordnung, die deutlich über dem bisher Üblichen lag und damit wohl der sich seinerzeit abzeichnenden Absatzkrise geschuldet war. Immerhin setzte man mit den »Niseko«-Modellen noch eine gewisse Hoffnung auf die europäischen Märkte, denen diese Fahrzeuge ursprünglich vorbehalten bleiben sollten – auch das ein Novum. Letztlich bekamen aber auch die USA noch 750 Exemplare, und zwar ausschließlich 2,0-Liter-Roadster, obwohl man dort während des Jahres mit Blick auf das MX-5-Programm und die sich verschlechternde allgemeine Situation mehr oder weniger in eine Art Schockstarre verfiel.

In der zweiten Jahreshälfte sollte aber deutlich werden, dass diese abwartende Haltung auch einen anderen Grund hatte. Es war inzwischen zu den Medien durchgedrungen, dass Mazda, allen grassierenden Problemen zum Trotz, auf dem Pariser Autosalon im Oktober eine modellgepflegte Version des MX-5 vorstellen wollte – schließlich durfte man als Hersteller die Dinge nicht sich selbst überlassen, sondern musste sein Möglichstes tun, um auch in Krisenzeiten seine Produkte noch attraktiver zu machen. Außerdem begannen im Hintergrund bereits die Vorbereitungen für die Entwicklung eines Nachfolgers der NC-Generation, dessen Einführung mittelfristig geplant war.

Die Modellpflege vom Herbst 2008 bescherte den NC-Modellen nur leichte Retuschen, die insbesondere an der Wagenfront stattgefunden hatten.

Zusätzliche Merkmale unterschieden nun Roadster und Roadster Coupé stärker voneinander: Letzteres bekam unter anderem eine Chromumrandung am Lufteinlass.

Die in Paris erstmals gezeigten Fahrzeuge ließen die durchgeführten Modellpflegemaßnahmen äußerlich erst auf den zweiten Blick erkennen. Es gab eine leicht umgestaltete Front mit etwas anders – man könnte auch sagen: aggressiver – geformtem, vergrößerten Lufteinlass, wie er auch in anderen Modellen der Mazda-Palette stilprägend war. Ergänzend führte man mehrere Differenzierungsmerkmale zwischen Softtop- und Klapp-Hardtop-Modellen ein. Die Roadster bekamen beispielsweise einen gitterförmigen Kühlergrill, während die Roadster Coupés einen maschenförmigen Grill mit zusätzlicher Chromumrahmung erhielten. Letzteren wurden auch Chromelemente in den Scheinwerfern und den äußeren Türgriffen spendiert. Generell präsentierten sich die Hauptscheinwerfer schärfer geschnitten und blickten etwa grimmiger in die Welt. Weitere Neuerungen am äußeren Erscheinungsbild waren modifizierte Seitenschweller sowie ein neuer hinterer Stoßfänger, leicht veränderte Rückleuchten und teilweise neugestaltete Leichtmetallfelgen.

Auf ähnlichem Niveau bewegten sich die Maßnahmen im Interieur. Hier gab es unter anderem verbesserte Sitze, neue Farben für die Zierteile an der Armaturentafel sowie etwas mehr Beinraum durch neu geformte Türablagen. Auch die aktuelle Version des optionalen BOSE-Soundsystems hielt Einzug. Ebenso modernisiert wurde das Instrumentenbord mit dunkleren Gestaltungselementen und neuer Zifferblattgrafik. Neben diesen Detailoptimierungen war ein verbessertes NVH-Verhalten beider MX-5-Versionen Gegenstand der Modellpflege. NVH steht für »Noise«, »Vibration« und »Harshness« und betrifft damit zentrale Komfortaspekte, die auch für ein solches Nischenfahrzeug offenbar nicht mehr aus dem Blick blieben sollten. Entsprechend setzten die Entwickler geräuschdämmende Maßnahmen an diversen Fahrwerkselementen um, und auch das Klapp-Hardtop wurde mit verbesserter Schallisolierung versehen.

Auch außerhalb des sichtbaren Bereichs hatten sich Veränderungen vollzogen: So profitierte die 2,0-Liter-Version des Vierzylinders vom Einbau einer geschmiedeten anstelle einer gegossenen Kurbelwelle, was in Kombination mit geänderten Ventilfedern in einem um 500/min auf 7200/min heraufgesetzten roten Drehzahlbereich resultierte. Im gleichen Zug wurde aber auch die Übersetzung der 6. Gangstufe verlängert, was wiederum das Drehzahlniveau des Triebwerks in der obersten Fahrstufe reduzierte. Neben dem weiteren Feintuning des Triebstrangs, mit dem Ziel noch besserer Schaltbarkeit, stand auch eine Maßnahme wieder im Lastenheft, die für europäische MX-5-Liebhaber eher ein rotes Tuch war und schon in der Vergangenheit

Wichtigste Modellpflegemaßnahme im MX-5-Innenraum war die Ankunft neuer, bequemerer Sitze. Darüber hinaus wurde zum Beispiel auch das BOSE-Soundsystem aktualisiert.

Die in Japan und Nordamerika als Option wie selbstverständlich akzeptierte Getriebeautomatik war den meisten europäischen MX-5-Liebhabern ein rotes Tuch.

mit kompromissloser Missachtung gestraft worden war: das Angebot eines Automatikgetriebes. Nun sollte eine neue 6-Gang-Box, die auf Wunsch spezifiziert werden konnte, Kundinnen und Kunden von ihrer Kompatibilität mit den Werten der Sportwagen-ikone überzeugen ...

Was bei der Betrachtung der modellgepflegten Fahrzeuge, deren weltweiter Marktstart am 9. Dezember 2008 in Japan vonstattenging, auf alle Fälle weniger überzeugte, war die weitere Gewichtszunahme. Alle Modelle legten gegenüber ihren Vorgängern um rund 20 kg zu und folgten damit einen mittlerweile unumkehrbar scheinenden Trend.

War die Einführung der aktualisierten Modelle noch ein erfreulicher Vorgang, so verfinsterten sich, wie erwartet, die Mienen bei der zum Jahresende aufzumachenden Absatzbilanz. Die Auswirkungen der globalen Finanz- und Wirtschaftskrise hatte allerorten tiefe Spuren bei den Verkaufszahlen hinterlassen – nicht nur bei Mazda und dort nicht nur beim MX-5. Am stärksten hatte der einheimische japanische Markt reagiert, wo sich die Auslieferungen für den Sportwagen mehr als halbiert hatten, gefolgt von Europa mit einer Einbuße von ziemlich genau 30 % und den USA mit rund 27 %. Dramatisch wurde die Situation insbesondere dadurch, dass für das Folgejahr keine wirkliche Besserung der Situation in Sicht war – eher, so fürchtete man, würde das Gegenteil der Fall sein.

2009
Mitten im Sumpf

Die Umstände des Jahres mit der nach wie vor existenten globalen Finanz- und Wirtschaftskrise veranlassten auch Mazda dazu, auf den Sparmodus umzuschalten und abzuwarten, welche Perspektiven sich für das Folgejahr abzeichneten. Auf dem besonders sensiblen heimischen Markt nahm man die Gelegenheit wahr, die Angebotspalette an MX-5-Modellen zu konsolidieren. Bei den Roadstern gab es als Einstiegsversion den »S«, als eher sportlich-karge Version den »NR-A« sowie den »RS« mit umfassender Ausstattung und 6-Gang-Getriebe. Ebenfalls drei Versionen gab es vom Roadster Coupé: »S RHT«, »RS RHT« und die Topversion »VS RHT«. Weitere Neuigkeiten gab es in diesem Jahr nur im Accessoireprogramm, etwa mit einem »Body Kit« oder einem »Induction Sound Enhancer«, der die einlassseitigen Lebensäußerungen des Motors akustisch intensivierte. An die Auflage mehr oder weniger aufwändig spezifizierter Editionsmodelle war dagegen nicht zu denken. In den USA, wo der NC2 ab Frühjahr in die Showrooms rollte, verhielten sich die Dinge ähnlich: Es blieb (vorerst) bei den vier Versionen »SV«, »Sport«, »Touring« und »Grand Touring«, die, mit Ausnahme des Basismodells, das nur als Roadster erhältlich war, sowohl in Softtop- wie in Hardtop-version verfügbar waren. Kleinere Veränderungen beim Zuschnitt der Ausstattungspakete und neue Farben standen auf dem Programm, weitere Sondermodelle allerdings auch hier nicht.

In Deutschland standen die modellgepflegten MX-5 ab Juni 2009 zur Verfügung, und auch hier nahm man die Gelegenheit der Markteinführung des NC2 zum Anlass, das Angebot neu zu ordnen. Es gab nun sowohl den Roadster wie das Roadster Coupé in zwei neuen Ausstattungslinien namens »Center-Line« und »Sports-Line«, die mit beiden Motorisierungen kombiniert werden konnten. Dabei wurde vor allem die als Basisausstattung fungierende »Center-Line« in ihren Umfängen deutlich aufgewertet und ließ keine wichtigen Elemente mehr vermissen. Darüber hinaus konnte zur Ergänzung eine Reihe weiterer Ausstattungspakete geordert werden. Zur Verfügung standen, je nach Motorisierung und Ausstattungsline, Plus-Paket, Sport-Paket, Technik-Paket, Professional-Paket und, nicht zu vergessen, dass wohlbekannte Touring-Paket. In der Preisgestaltung legte man sich nach wie vor Zurückhaltung auf: Das preiswerteste Roadster-

Das in Japan erhältliche »RS«-Ausstattungspaket fungierte als sportlich profilierte Topversion des MX-5 und war für Roadster und Roadster Coupé verfügbar.

modell, der MX-5 Center-Line mit 1,8-Liter-Motor, startete bei 22.000,– Euro, dessen Klapp-Hardtop-Bruder bei 24.400,– Euro. Abgesehen davon, verzichtete man auch hierzulande auf weitere Aktivitäten zur Absatzförderung und hoffte, dass die Verkaufskurve nicht noch weiter nach unten zeigte.

Der anhaltende Krisenmodus bot Mazda allerdings auch die Gelegenheit, mit überschaubarem finanziellen Aufwand das Kernelement der MX-5-DNA, den Leichtbau, noch einmal international ins Schaufenster zu stellen. Die geeignete Bühne hierfür bot die Frankfurter IAA im September. Dort bekam das vermutlich überraschte Publikum die im deutschen Mazda-Designzentrum in Oberursel entwickelte Studie MX-5 »Superlight Version« zu sehen. Sie sollte zeigen, wie man durch konsequentes Weglassen und Erleichtern auch bei einem Großserienfahrzeug das Gewicht wieder unter die magische 1000-kg-Grenze drücken kann. Um das anvisierte Einsparungsziel von etwa 250 kg zu erreichen, nahmen die Designer zunächst einmal alle Scheiben samt Verdeck weg. Dann strippten sie den Innenraum radikal:

Das Einstiegsmodell in die MX-5-Welt hatte in Japan einfach die Zusatzbezeichnung »S« und konnte in Softtop- oder Klapp-Hardtop-Ausführung bestellt werden.

Radikales Showcar in radikal schlechten Zeiten: Mit der »Superlight Version« demonstrierte Mazda, dass man auch auf Basis von Großserienspezifikationen die 1000-kg-Grenze unterschreiten konnte. Verantwortlich war das deutsche Entwicklungszentrum von Mazda im hessischen Oberursel.

Die vor allem bei der Innenraumgestaltung deutlich werdende Philosophie eines zukunftsgewandten, aber aufs Wesentliche reduzierten Designs traf beim Frankfurter IAA-Publikum voll ins Schwarze.

Was nicht weggelassen werden konnte, kam in einer federleichten Carbonausführung zum Einsatz.

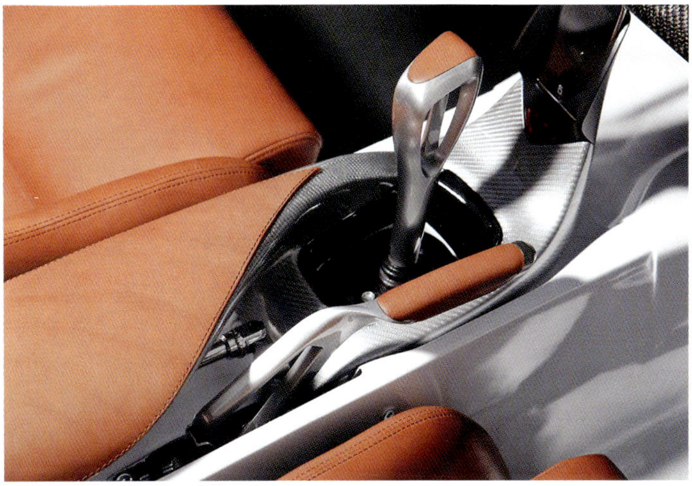

Auch zentrale Bedienungselemente wie Schalt- und Handbremshebel präsentierten sich gelocht oder geschlitzt, um jedes Gramm einzusparen.

Es gab weder Türinnenverkleidungen noch einen komplett mit Teppich ausstaffierten Fußraum, und auch die Schalter an der Armaturentafel wurden bis auf den Starterknopf verbannt. Sogar der Schalthebel präsentierte sich am Knauf ausgehöhlt. Zum neuen Blickfang wurden dabei leichtgewichtige Schalensitze aus dem Rennsport und manche Bauteile aus Kohlefaser.

Auch in technischer Hinsicht war – freilich intelligent gemachte – Magerkost angesagt: Statt des 2,0-Liter-Motors, der dieser Studie sicher auch gut zu Gesicht gestanden hätte, entschied man sich in Oberursel dafür, das leichtere 1,8-Liter-Triebwerk einzusetzen. Das Argument dahinter: Dessen Leistung von 126 PS/93 kW reiche bei einem Fahrzeuggewicht von 990 kg allemal aus, um beispielhaften Fahrspaß zu vermitteln. Das in Frankfurt präsentierte Showcar in weiß-silberner Lackierung mit rehbraunem Interieur traf jedenfalls auf großen Publikumszuspruch, und ein regulär für den Straßenbetrieb zugelassenes Exemplar mit Leverkusener Kennzeichen absolvierte in einigen Fach- und Tagesmedien eine Reihe von Testfahrten. Deren Resümee fiel angemessen begeistert aus, zeige diese Version doch, welche singulären Qualitäten nach wie vor im MX-5 steckten. Zwar spielten einige der beteiligten Journalisten vage mit der Aussage, es könne möglichweise eine Kleinserie des »Superlight« realisiert werden, aber jedes Fehlen von Alltagstauglichkeit und die seinerzeit aktuelle Marktlage entlarvten das als pure Illusion.

Nach Ansicht der Macher des superleichten »Superlight« reichte der in das Showcar eingebaute serienmäßige 1,8-Liter-MZR-Vierzylinder absolut aus, um grandiosen Fahrspaß herzustellen. Testfahrer konnten das bestätigen.

Das Showcar blieb im Lauf des Jahres 2009 die einzige sichtbare Marketinginitiative mit Blick auf die MX-5-Modellfamilie. Und der Blick auf die Jahresabschlussbilanz der Absatzzahlen bestätigte die vorsichtige Strategie, die man in Hiroshima das Jahr über eingeschlagen hatte. In Europa musste man einen neuerlichen Verkaufseinbruch um fast 27 % auf rund 9700 Fahrzeuge hinnehmen, den niedrigsten Stand seit dreizehn Jahren. Ähnlich schlecht sah es in den USA aus, wo man nahezu 30 % verlor und mit knapp 8800 Fahrzeugen einen neuen Negativrekord verzeichnen musste. Nur auf dem stets heiklen japanischen Markt gab es einen ganz blassen Hoffnungsschimmer, da es gelang, gegenüber dem Vorjahr etwa 100 Exemplare mehr zu verkaufen – allerdings waren diese exakt 1947 Fahrzeuge auch das zweitschlechteste Resultat der MX-5-Geschichte…

2010

Wenigstens ein Zwischenhoch

Was die globalen Wirtschaftsdaten anging, so schienen Anfang 2010 die übelsten Krisenerscheinungen tatsächlich überstanden zu sein, und so gab es vorsichtige Zuversicht, dass in absehbarer Zeit auch die Autokonjunktur wieder anziehen würde. Die leicht aufgehellte Laune war auch der passende Hintergrund für anstehende Feierlichkeiten, denn es galt, den MX-5 gleich in mehrfacher Hinsicht hochleben zu lassen. Hauptanlass war, dass sich 2010 die Einführung der Erfolgsbaureihe in Europa zum zwanzigsten Mal jährte. Natürlich wollte man bei Mazda dieses Jubiläum trotz knapper Kassen in angemessener Form begehen – mit einem ganz besonderen Event, der vor allem auf die Aufmerksamkeit der Medien zielte und, nach längerer Abstinenz, mit einem Editionsmodell für die Kunden. Das alles sollte bereits im ersten Quartal des Jahres über die Bühne gehen und wurde passenderweise durch die Meldung abgerundet, dass im Februar die Grenze von 875.000 seit dem Produktionsstart produzierten MX-5 überschritten worden sei – eigentlich keine »runde« Zahl, aber dennoch eine Nachricht, die die verbesserte Stimmungslage unterstützen sollte.

Bei der von Mazda, ebenfalls im Februar, organisierten Veranstaltung handelte es sich um das sogenannte »MX-5 Open Race«, gewissermaßen ein Jubiläumsrennen, bei dem sich insgesamt 150 Fahrerinnen und Fahrer, darunter zahlreiche aus der Medien- und der Promiwelt, aber auch private Kunden und Vertreter der europäischen Händlerschaft, auf identisch vorbereiteten Fahrzeugen im motorsportlichen Wettbewerb messen sollten, um den zwanzigsten Jahrestag zu begehen und dabei möglichst viel Aufmerksamkeit zu erzeugen. Ort des Geschehens war der nahe Venedig gelegene Adria International Raceway, auf dem seinerzeit unter anderem die DTM gastierte. Mazda stellte 30 leicht rennmäßig, das heißt gestrippte und mit Überrollkäfig versehene, antriebsseitig aber mit dem serienmäßigen 2,0-Liter-Motor ausgerüstete und auch sonst technisch identische Roadster bereit. Anwesend waren dreißig Länderteams, bei denen sich je fünf Mitglieder, alles natürlich Rennamateure, auf dem zugeteilten Fahrzeug abwechselten.

Auf dem Programm standen zwei Rennen, ein sogenanntes »Media Race« und ein »Dealer Race«. Damit auch alle Teammitglieder genügend zum Fahren kamen, waren die Rennen über vier Stunden angesetzt. Leider war die Terminierung der Veranstaltung mitten im Spätwinter nicht optimal, und so zeigte sich das Wetter an der italienischen Adriaküste auch ziemlich unwirtlich, was die Anforderungen an die Teilnehmer auf der fast ständig nassen Bahn nicht gerade geringer machte. So überlebten denn auch nur 21 der ursprünglich 30 Fahrzeuge den Event, der erwartungsgemäß breiten Niederschlag in den traditionellen wie in den elektronischen Medien fand. Die deutschen Teams bekleckerten sich beim Fahrwettbewerb allerdings nicht besonders mit Ruhm – bis auf ein Händlerteam, das in seinem Rennen immerhin den dritten Platz errang.

Nach dieser Veranstaltung ging es Schlag auf Schlag weiter mit den Geburtstagsaktivitäten: Auf dem Genfer Salon präsentierte Mazda im März das europaweit auf 2000 Exemplare limitierte Jubiläums-Sondermodell »20th Anniversary« und verlieh ihm damit einen besonderen Stellenwert. Ausschließlich als Roadster und mit dem 1,8-Liter-Triebwerk versehen und nur in den – wenn auch im Ton aktualisierten – Farben Rot, Weiß und Blau lieferbar, sollte es eine Reminiszenz an die erste MX-5-Generation darstellen. Weitere äußere Erkennungsmerkmale waren das Stoffverdeck, der maschenförmige Kühlergrill mit Chromumrandung wie beim Roadster Coupé, Chromzierteile an Türgriffen, Haupt- und Nebelscheinwerfern sowie 17-Zoll-Leichtmetallfelgen. Auch sonst hatte man das »20th Anniversary«-Sondermodell speziell ausstaffiert, beispielsweise mit Einstiegsleisten aus

Kein Publikums-, sondern ein Medienevent: das auf dem Adria International Raceway aus Anlass des 20. Jahrestages der Modelleinführung in Europa veranstaltete Mazda MX-5 Open Race. Unter den Teilnehmern waren Journalisten, Profirennfahrer, Promis und Halbpromis sowie Vertreter der Händlerschaft. Sie bildeten jeweils 5-köpfige Ländermannschaften und teilten sich einen von Mazda vorbereiteten, nahezu serienmäßigen MX-5. Hier unter anderem im Bild der Ex-Rallye-Profi Nikki Schelle (ganz links), der Nürburgring-Spezialist Patrick Simon (ganz rechts) und Holger Eckhardt (hinter der Tür), damals Redakteur der Auto Zeitung.

Die Wetterbedingungen bei den Rennen waren alles andere als günstig, was manche der Teilnehmer überforderte und einige Autos arg in Mitleidenschaft zog.

Aus naheliegenden Gründen nur in Europa erhältlich und auf 2000 Fahrzeuge limitiert war das Sondermodell MX-5 »20th Anniversary«.

Edelstahl mit der Limitierungsnummer und dem Logo des Sondermodells, einem in Wagenfarbe gehaltenen Zierteil am Armaturenträger, ebenso farbcodierten Verkleidungen des Designbügels sowie Fußmatten mit eingesticktem Sondermodell-Logo. Auch im Ausstattungsumfang enthalten waren unter anderem eine Klimaautomatik, elektrische Fensterheber, ein hochwertiges Audio-System sowie die vordere Domstrebe. Für den deutschen Markt wurden 500 Exemplare reserviert, die für 21.990,– Euro angeboten wurden. Dass man auch jenseits besonderer Anlässe wieder einen gewissen Raum für solche Sondermodelle sah, bewies die britische Mazda-Vertriebsgesellschaft, als sie im Juli den MX-5 »Miyako« nachschob, als 1,8-Liter-Roadster oder als 2,0-Liter-Roadster Coupé, jeweils mit 17-Zöllern, Domstrebe, schwarzer Lederausstattung samt roten Ziernähten sowie Klimaanlage. Für die USA, an denen das »20th Anniversary«-Modell ohnehin vorbeigegangen war, oder auch Deutschland kamen weitere Aktivitäten zur Verkaufsförderung bis zum Jahresende nicht mehr zum Tragen.

Den Innenraum schmückten jeweils in Wagenfarbe gehaltene Farbakzente auf dem Zierteil der Armaturentafel und an den Schutzbügeln hinter den Sitzen.

Für den deutschen Markt waren 500 der mit üppiger Ausstattung, aber nur dem 1,8-Liter-Triebwerk versehenen Jubiläumsfahrzeuge reserviert.

Die Briten zeigten im Sommer 2010 mit dem Editionsmodell »Miyako« Flagge auf einem leicht anziehenden Markt. Es war sowohl als Roadster mit 1,8-Liter-Motor wie auch als Roadster Coupé mit der großen Maschine lieferbar. An Bord waren Goodies wie 17-Zoll-Felgen, Klimaanlage und eine Lederausstattung.

Dank der Anstrengungen, den MX-5 weiter im Gespräch zu halten, zeigten die Verkaufszahlen per Jahresende wenigstens in Europa wieder nach oben. Über 10.300 Fahrzeuge konnten auf dem Kontinent ausgeliefert werden, gut 600 Einheiten mehr als im Vorjahr. In den USA dagegen rutschten die Zahlen mit rund 7000 Exemplaren auf ein neues Allzeit-Tief. In Japan halbierte sich der Absatz sogar nahezu, und man marschierte mit nur noch rund 1100 Einheiten stramm auf dem Weg in die Dreistelligkeit.

2011

Eine weitere harte Prüfung

Als ob die mehrjährige Autoflaute aufgrund der Weltwirtschaftskrise noch nicht genug gewesen wäre, hielt das neue Jahr gleich die nächste gewaltige Herausforderung bereit. Noch aber versuchte Mazda den Schwung aus dem Vorjahr mitzunehmen und verkündete, mit Recht stolz, dass am 4. Februar der 900.000ste MX-5 seit dem Start der Baureihe produziert worden sei. Und auch aus den USA gab es nach längerer Zeit wieder Lebenszeichen, und zwar in Form des auf der Mitte Februar veranstalteten Chicago Auto Show vorgestellten MX-5 »Special Edition« (SE). Limitiert auf 750 Exemplare und nur in Roadster Coupé-Ausführung erhältlich, verkörperte diese neueste SE-Version so etwas wie den »Obendrüber«-MX-5, der nahezu alles hatte, was die Optionenliste hergab. Ohnehin basierend auf dem Topmodell »Grand Touring«, waren zum Beispiel das »Premium Package« und das »Suspension Package« ebenso im Umfang enthalten wie eine zweifarbige Lederausstattung in schwarz-grau, die sich auch an den Türinnenverkleidungen wiederfand, polierte 17-Zoll-Felgen sowie einige Chromapplikationen an der Armaturentafel.

Die britische und die deutsche Niederlassung nahmen, wie früher schon geschehen, den Ball auf und kreierten mit den ähnlich zugeschnittenen Sondermodellen »Kendo« für die Insel und »Kaminari« für den hiesigen Markt ihre eigenen, ab März verfügbaren Versionen. Letzterer war auf 900 Fahrzeuge limitiert,

Neue Produktionsbestmarken für den MX-5 zählte Mazda mittlerweile kleinteilig. Man wartete nicht auf die Million, sondern feierte auch das 900.000ste Exemplar angemessen.

sowohl in Softtop- wie in Hardtop-Form erhältlich, aber stets nur mit der 1,8-Liter-Motorisierung kombiniert. Als Basis diente die Ausstattungslinie Center-Line, die um das Technik-Paket aufgewertet war und innen durch eine hellgraue Lederausstattung mit gleichfarbigen Türinnenverkleidungen und eine Alu-Sportpedalerie erweitert wurde. Außen fielen Chromakzente an Lufteinlass und Kühlergrill sowie an den Hauptscheinwerfern auf, zudem gab es 17-Zoll-Leichtmetallfelgen im 5-Doppelspeichen-Design sowie die beiden zu Wahl stehenden Sonderfarben Anubisschwarz Metallic und Uranosgrau Metallic. Eine vordere Domstrebe komplettierte das Ausstattungspaket. Die Preise begannen bei 23.490,– Euro für die Roadsterversion.

Das in Deutschland »Kaminari« genannte Sondermodell war in Softtop- oder Klapp-Hardtop-Version lieferbar.

Dass man vom »Kaminari« hierzulande immerhin 900 Fahrzeuge vorhielt, zeigte, dass die Stimmung allseits wieder zu steigen begann.

Dann geschah am 11. März mit einem verheerenden Seebeben vor der japanischen Küste und einem sich daraus entwickelnden Tsunami, der das Kernkraftwerk Fukushima zu erheblichen Teilen zerstörte und eine Nuklearkatastrophe auslöste, etwas Unvorhersehbares. Zwar war Mazda mit seinen Werken geografisch zum Glück weit entfernt vom Geschehen, doch die folgende Stromknappheit und dramatische höhere Energiekosten sowie der Ausnahmezustand tangierten die Produktionsabläufe – wie auch die anderer einheimischer Firmen – stark, was wiederum die nächste Krisensituation entstehen ließ.

Davon unberührt blieben zunächst weitere Marketingaktivitäten auf dem deutschen Markt, deren Planung ohnehin bereits abgeschlossen war. Dazu gehörte insbesondere der im Mai gegebene Startschuss für die sogenannte »Mazda MX-5 Challenge«. Diese Bezeichnung hatte schon jahrelang für Markenpokal-Rennserien im Breitensport gegolten, die zum Beispiel in den USA und Großbritannien mit großem Erfolg durchgeführt worden waren und die motorsportlichen Talente des Roadsters unter Beweis gestellt hatten. Hierzulande war sie aber neu und stand für ein völlig anderes Konzept, das, unterstützt durch einen starken Medienpartner, Kunden wie Interessenten des MX-5 direkt ansprechen sollte und so auf eine möglichst große Breitenwirkung abzielte. Gemeinsam mit dem Fachblatt »Autobild« wurde eine Ausschreibung für die »Challenge« erstellt und verbreitet, auf die sich rund 6000 Bewerber meldeten, die, auch ohne einen MX-5 zu besitzen, Spaß auf diesem großen Event haben wollten. Aus dieser Gruppe wurden schließlich 600 Personen ausgewählt, die in drei Ausscheidungsveranstaltungen und einem Finale, das im November auf dem Hockenheimring stattfinden sollte, gegeneinander antraten. Mazda stellte dafür 22 MX-5, zum Teil Roadster, zum Teil Roadster Coupés, bereit, vier davon waren, ähnlich den Open Race-Fahrzeugen aus dem Vorjahr, leicht rennmäßig vorbereitet.

Der Zuschnitt dieses Wettbewerbs für's breite Publikum ließ es natürlich nicht zu, auf Rennstrecken gegeneinander anzutreten – vielmehr handelte es sich eher um ein nicht zuletzt unter dem Aspekt Fahrsicherheit gestaltetes Geschicklichkeitsturnier, bei dem es auf vier individuell ausgesteckten Parcours pro Ausscheidungsveranstaltung und schließlich im Finale der 22 Besten primär um Fahrzeugbeherrschung ging. Als Gewinn ausgelobt wurde ein MX-5 Sondermodell, das im Mai, als das erste der Qualifikationsturniere im Fahrsicherheitszentrum am Nürburgring ausgetragen wurde, noch gar nicht lieferbar war.

Im Gegensatz zum MX-5 Open Race vom Vorjahr, war die MX-5 Challenge ein rein deutsches Event, das bestehende oder potenzielle Kunden ansprechen sollte.

Letzteres sollte sich ab August ändern, als der MX-5 »Karai« erstmals in den deutschen Preislisten auftauchte. Dabei handelte es sich um eine leichte Abwandlung des bereits im Juli in Großbritannien angebotenen Editionsmodells »Sport Black«, das auf 500 Einheiten limitiert war und in Frankreich unter dem Namen

Bei der Challenge ging es schon aus rechtlichen und versicherungstechnischen Gründen nicht um »Rennen«, sondern um die möglichst souveräne Beherrschung eines MX-5.

Besonders hoch spezifiziert und von großer Außenwirkung war das in Deutschland nur 165-mal verfügbare Sondermodell »Karai« auf Basis des 2,0-Liter-Roadster Coupés.

In Großbritannien war dieses Editionsmodell zuvor mit leicht veränderter Ausstattung unter der Bezeichnung »Sport Black« auf den Markt gekommen.

»Black by MX-5« in gerade mal 20 Exemplaren zur Verfügung stand. Ab Oktober war es als »Black Tuned«-Editionsmodell auch in Japan erhältlich. Für den deutschen Markt waren 165 Stück reserviert, die für glatte 30.000,– Euro zu haben waren. Dafür bekam man ein Roadster Coupé mit 2,0-Liter-Motor, das spontan durch seine Farbgebung in einem expressiven Sonderfarbton namens »Metisgrün Metallic« in Kombination mit einem in Schwarz gehaltenen Klapp-Hardtop auffiel. Auf Basis der umfassenden Sports-Line

Exklusive Dreingabe: Jeder »Karai«-Käufer bekam einen exklusiven Chronographen der Frankfurter Uhrenmanufaktur Sinn.

Ausstattung mit RECARO-Sportsitzen waren auch die 17- Zoll-Leichtmetallfelgen schwarz lackiert. Ebenso waren alle übrigen normalerweise silberfarbenen Fahrzeugteile innen und außen konsequent in Schwarz farbcodiert, von der Frontgrill- und Nebelscheinwerfereinfassung bis hin zum Armaturenträger, den Lenkradapplikationen sowie den Außenspiegeln. Als zusätzliches hochwertiges Goodie erhielten die Käufer eines »Karai« einen speziell gestalteten Chronographen der Frankfurter Uhrenmanufaktur Sinn in grün-schwarzem Farbdesign.

Trotz der zahlreichen ergriffenen Maßnahmen musste man in Hiroshima zum Jahresende konstatieren, dass es sich bei den gestiegenen Verkaufszahlen im Vorjahr nur um ein Zwischenhoch gehandelt hatte. In allen wichtigen Verkaufsregionen, bis auf den heimischen Markt, der sich auf niedrigem Niveau stabil hielt, ging der Absatz wieder zurück, und zwar deutlich. Europa fiel auf rund 8100 Einheiten ab, den niedrigsten Stand seit 1995, und in Nordamerika, sprich: den USA und Kanada, konnten nur noch knapp 6300 Fahrzeug an Kunden ausgeliefert werden, ein neuer absoluter Negativrekord. Natürlich hatten hier in den letzten Jahren die schlechten, von Mazda nicht beeinflussbaren globalen Rahmenbedingungen eine bedeutende Rolle gespielt, aber irgendwie drängte sich auch die Frage auf, ob die aktuellen Fahrzeuge der NC2-Generation noch geeignet waren, um die Faszination der Traditionsbaureihe weiter aufrechtzuerhalten. Schließlich galt es, auch dem gesellschaftlichen Wandel, der sich mit seinen veränderten Einstellungsmustern in puncto Automobilität nicht erst seit gestern vollzog, in wachsendem Maß Rechnung zu tragen – vor allem bei einem Nischenprodukt wie dem MX-5. Viel Zeit blieb angesichts der vorliegenden Zahlenbilanz nicht mehr, um entsprechende Veränderungen anzugehen und neue Impulse zu setzen.

2012

Kein Land in Sicht

Fraglos befand sich Mazda im Hinblick auf das weitere Schicksal des MX-5, von dem man sechs Jahre zuvor noch die dreifache Stückzahl weltweit hatte verkaufen können, in Zugzwang – aber eine Reaktion war bereits erfolgt: Im Juni des Vorjahres hatten die Mazda Designteams aus Japan, den USA und von Mazda Europe in Oberursel ihre Vision eines Nachfolgers für die aktuelle Generation in Form von 1:4-Modellen zur Diskussion gestellt. Dem vorausgegangen war die klare Ansage des damals für das Fahrzeugprogramm verantwortlichen stellvertretenden Managers in Hiroshima, Nobuhiro Yamamoto, dass der nächste MX-5 wieder in die Fußstapfen seines Urvaters treten solle. Das hieß: Dimensionen und Gewicht runter, Fahrspaß rauf! Der dieser Losung zugrundeliegende Befund bedeutete zugleich, dass man sich wieder auf einen klassischen Softtop-Roadster konzentrieren wollte – und damit das bisherige Klapp-Hardtop-Konzept im Fall des MX-5 mehr oder weniger als gescheitert betrachtete.

Nachdem der Entwicklungsprozess für einen Nachfolger gerade erst in Gang gesetzt worden war, blieb den Verantwortlichen bis auf Weiteres freilich nichts anderes, als den 2012 im siebten Jahr auf dem Markt befindlichen NC mit den bewährten Mitteln bestmöglich am Leben zu erhalten. Wie üblich verließen sich die Briten und die Amerikaner auf die Lancierung weiterer Sondermodelle, die neben einigen exklusiven Extras vor allem über einen Preisvorteil verfügten. Auf der Insel wurde bereits im Februar die auf insgesamt 800 Fahrzeuge limitierte »Venture Edition« vorgestellt, die entweder als 1,8-Liter-Roadster oder in 2,0-Liter-Klapp-Hardtop-Version zu haben war und in stilsicherer, attraktiver Optik daherkam. Im selben Monat nahm die US-ameri-

Bereits 2011 hatte der Programmmanager von Mazda, Nobuhiro Yamamoto, zu Protokoll gegeben, dass die Fahrzeuge der nächsten MX-5-Generation wieder zu ihren Wurzeln zurückkehren würden. Wie das unter den gegebenen Rahmenbedingungen zu realisieren war, blieb vielen Beobachtern schleierhaft.

Obwohl die Absatzzahlen insgesamt unerfreulich waren, nahm insbesondere auf dem britischen Markt der Strom an immer neuen Sondermodellen nicht ab. Anfang 2012 kamen dort die Fahrzeuge der eleganten »Venture Edition« in den Verkauf, zu haben als 1,8-Liter-Roadster oder als 2,0-Liter-Roadster Coupé.

kanische Vertriebsorganisation die Chicago Auto Show zum Anlass, eine neue »Special Edition«-Version zu präsentieren. Als Basis fungierte das Hardtop-Modell in »Grand Touring«-Ausführung, das sich in puncto Ausstattung an die britische »Sport Black«- und die deutsche »Karai«-Edition anlehnte – allerdings ohne deren grell-grüne Metalliclackierung.

Auf dem Genfer Salon im März zeigte sich dann das für den deutschen Mark gedachte Editionsmodell namens »Hamaki« als Reinkarnation der britischen »Venture Edition« und punktete ebenfalls mit hohem Ausstattungsniveau und edler Ausstrahlung, war aber als Roadster oder Roadster Coupé nur mit dem kleinen Motor zu haben. Ähnlich – nur andersherum – verhielt es sich mit

Auch in Deutschland wurde dieses Modell lanciert, war aber unter dem Namen »Hamaki« in Soft- oder Klapp-Hardtop-Version nur mit dem kleinen Motor lieferbar.

In betont sportlichem Outfit trat 2012 in Deutschland der nur als 2,0-Liter-Roadster Coupé lieferbare MX-5 »Senshu« an. Das Ausstattungspaket umfasste sogar Racingstreifen ...

dem im Juni zunächst in Deutschland lancierten, in einer Auflage von 200 Exemplaren verfügbaren Sondermodell »Senshu«, das wenig später auf dem britischen Markt unter der Zusatzbezeichnung »Kuro« angeboten wurde. Positioniert war es hierzulande als besonders sportlich zugeschnittene Speerspitze im MX-5-Programm. Grundsätzlich basierend auf dem 2,0-Liter-Hardtop-Modell in »Sports-Line«-Ausführung wartete es ohnehin schon mit Bilstein-Sportfahrwerk, 6-Gang-Schaltbox, Xenon-Licht sowie zahlreichen anderen hochwertigen Features auf und wurde nun unter anderem durch anthrazit lackierte 17-Zoll-Felgen, einen Heckdiffusor, Sport-Auspuffendrohre und Racing-Streifen an der Wagenflanke ebenso weiter aufgewertet wie durch eine hellgraue Lederausstattung im Interieur.

Trotz der schwierigen Marktsituation für den seinerzeit aktuellen MX-5 konnte man den einzelnen Länder-Vertriebsorganisationen im Sommer 2012 beileibe kein mangelndes Engagement vorwerfen. Besonders nicht der deutschen: Auf der im Juni in Leipzig veranstalteten Automesse AMI (Auto Mobil International) rollte ein optisch denkbar unscheinbarer, in unschuldigem Weiß mit Mattfolierung auftretender Roadster ins Blickfeld, der es allerdings faustdick hinter den Ohren hatte: der MX-5 »Yusho«. Der Wagen – ein Prototyp – sollte gewissermaßen als Appetitanreger und möglicherweise in Kleinserie als Höhe- und Schlusspunkt der NC-Generation dienen; mit solchen gegenüber manchen Medien geäußerten Spekulationen spielte man in Leverkusen jedenfalls gekonnt – vermutlich wohlwissend, dass es niemals dazu kommen würde.

Der Wagen hätte dies in jedem Fall mehr als verdient gehabt, denn er war nichts weniger als eine Bombe. So zumindest der Tenor einiger begeisterter Fahrberichte. Hochoffiziell sollte der Prototyp lediglich dazu dienen, die Fahrdynamik-Potenziale des MX-5 und seine besonderen Talente als Sportwagen noch einmal ins rechte Licht zu rücken. Von außen waren die speziellen Qualitäten des »Yusho« – auf Deutsch so viel wie »Sieger« – nur für Sachkenner ersichtlich. Da gab es zum Beispiel eine leichte Tieferlegung mit Sportfedern von Eibach, Bilstein Sportstoßdämpfer sowie auf 8 Zoll verbreiterte Felgen, auf die schwach profilierte Toyo-Sportreifen aufgezogen waren. Die unter anderem mit dickeren Stabilisatoren angepasste Fahrwerksauslegung entzog sich ebenso den Blicken wie der eigentliche Clou des Prototyps: der mittels Kompressor-Kit auf stramme 241 PS/177 kW gebrachte 2,0-Liter-Motor. Nicht weniger eindrucksvoll war der

Ein ziemlich unscheinbares Kraftpaket war der »Yusho«. Nur wenige äußere Merkmale deuteten an, was in ihm steckte.

auf 274 Nm gestiegene Drehmomentbestwert des Triebwerks. Für die notwendige Standfestigkeit sorgten von der legendären britischen Motorenschmiede Cosworth zugelieferte Kolben und Pleuel. Veränderte Ventile und zwei Sport-Katalysatoren erleichterten dem Vierzylinder die Atmung, eine speziell abgestimmte Motorelektronik stellte die Harmonie des Hochleistungs-Technikpakets sicher.

Was damit möglich war, zeigte das Fachblatt »sport auto« in einem Test, der Anfang 2013 erschien: Bei einem Fahrzeuggewicht von 1188 kg beschleunigte der »Sieger« in nur 6,1 Sekunden auf 100 km/h und erreichte eine Höchstgeschwindigkeit von 240 km/h. Auch die Handlingeigenschaften des Roadsters zeigten sich über alle Kritik erhaben. Aus heutiger Sicht ist es sehr bedauerlich, dass man seinerzeit nicht einmal eine exklusive – und teure – Kleinserie des

Eine Tieferlegung und fette 8-Zoll-Felgen mit Sportbereifung ließen den »Yusho« geradezu auf der Straße kauern.

Ein Kompressor-Kit machen dem 2,0-Liter-MZR-Triebwerk ordentlich Beine. Vor allem begeisterte der satte Drehmomentzuwachs.

Die Klapp-Kinematik ähnelte im Prinzip der am NC Roadster Coupé, und das eigentliche Dachteil verschwand auch hinter den Sitzen. Den Unterschied machte der Finnenaufsatz.

nierte auch bei einer Fahrgeschwindigkeit von bis zu 10 km/h. Wie schon bei der Vorgängergeneration blieb auch beim RF das ursprüngliche Kofferraumvolumen trotz eingeklapptem Hardtop in vollem Umfang erhalten. Das Vorhandensein des aus Stahl, Aluminium und Kunststoff bestehenden Dachs samt seiner Funktionsmechanik und -elektrik belastete die Gewichtsbilanz des MX-5 zwar um 45 Kilogramm, und auch damit verbundene zusätzliche Geräuschdämmungsmaßnahmen machten sich auf der Waage etwas bemerkbar. Dennoch boten werkseitig angegebene Normfahrzeuggewichte von 1090 kg für die 1,5-Liter- und 1130 kg für die 2,0-Liter-Version keinen Grund für Nörgeleien. Immerhin war der RF als echtes Ganzjahresfahrzeug konzipiert, mit dem auch lange Autobahnetappen an nassen Novembertagen großen Spaß machen sollten.

Technisch betrachtet, unterschied sich der RF nur in Kleinigkeiten vom MX-5 Roadster. Durch das feste Dach war die Fahrzeughöhe um 5 Millimeter gewachsen, auch Fahrwerk und Lenkung waren dem etwas höheren Gewicht angepasst worden und vermittelten insoweit einen Hauch von GT-Feeling, ohne, wie Mazda betonte, den ausgeprägt fahraktiven Charakter des Wagens zu verwässern. Ein weiterer Hinweis auf die vom Mazda-Marketing angestrebte, gegenüber dem Roadster höhere Positionierung des RF war die Ankündigung, dass er auf den europäischen Märkten zunächst nur in Verbindung mit dem 2,0-Liter-Triebwerk zu haben sei.

Wie auch beim alten Roadster Coupé minderte ein eingeklapptes Dach das verfügbare Kofferraumvolumen in keiner Weise.

Im Interieur des Fastback spiegelte sich dessen etwas andere Einstufung innerhalb der MX-5-Familie nur in einigen wenigen optischen Details wider. So waren beim RF zum Beispiel manche Zierteile in Wagenfarbe gehalten, was eine etwas edlere Anmutung ergeben sollte – das war aber mehr oder weniger auch schon alles: An den Kernelementen Raumaufteilung, Sitzposition, Ergonomie und Schwerpunktlage hatte Mazda klugerweise keinerlei Modifikationen vorgenommen. Nicht zuletzt deshalb und dank seiner attraktiven Linienführung mit perfekter Integrierung des Klappdachs erntete der RF bei seiner New Yorker Weltpremiere im März spontan begeisterte Publikumsreaktionen – ganz anders als bei seinem spirituellen Vorgänger der NC-Generation, dessen Erscheinen die meisten Beobachter eher kaltgelassen hatte. Auch Interessenten auf dem hiesigen Markt liefen sich schon einmal warm, denn von der deutschen Mazda-Dependance wurde die Einführung des RF jedenfalls noch für

Das Targa-artige Raumgefühl im RF vermittelte ein Empfinden von Geborgenheit, zog aber bei geöffnetem Dach keine Einbußen beim Frischlufterlebnis nach sich.

2016 in Aussicht gestellt. Kenner der Marke wussten aber aus der Vergangenheit, dass solche Ankündigungen mit einiger Vorsicht zu genießen waren.

Allerdings hatten die Verantwortlichen im Leverkusener Hauptquartier auch ohne die Ankunft der neuen Modellvariante allen Grund zu guter Laune: Im ersten vollständigen Verkaufsjahr wurden hierzulande 4652 MX-5 Roadster neu zugelassen, bei Gesamtverkäufen in Europa von rund 14.000 Einheiten – ein Resultat, mit dem auch nach dem überraschend guten Marktstart im Jahr zuvor kaum jemand gerechnet hatte. Ähnlich stark reagierte der US-Markt auf den Neuen. Hier wies die Absatzbilanz zum Jahresende 2016 insgesamt gut 10.000 ausgelieferte Roadster aus – eine Größenordnung, wie man sie zuletzt acht Jahre zuvor gesehen hatte. Jetzt zweifelte niemand mehr: Der MX-5 lebte – und wie!

2017

Der RF macht seinen Weg

Das Jahr 2016 ging dahin, ohne dass der RF sich in den Schauräumen der Händler zeigte – immerhin war er ab Dezember bestellbar und die Markteinführung für Deutschland inzwischen auf Februar terminiert worden. Zugleich stieg bei der interessierten Community weltweit die Spannung, ob er vom Publikum besser angenommen werden würde als sein vergleichsweise uninspirierter Vorgänger, dessen Anteile an der gesamten MX-5-Absatzbilanz, zumindest hierzulande, nie explizit veröffentlicht worden waren – möglicherweise aus gutem Grund …

Hier verlässt der erste MX-5 RF in europäischer Spezifikation die Fertigungslinie. In Deutschland waren die ersten Autos ab Februar 2017 verfügbar.

Um dem Deutschlandstart des RF den nötigen Schwung zu verleihen, bot Mazda direkt ein limitiertes Sondermodell mit der sprichwörtlichen Zusatzbezeichnung »Ignition« an. Diese auch in den USA und Großbritannien unter dem Namen »Launch Edition« lancierte Ausführung war auf dem deutschen Markt auf 250 Exemplare limitiert und – moderne Zeiten kündigten sich an – ausschließlich per Online-Reservierung mit gleichzeitiger Anzahlung von 1000,– Euro zu erwerben. Die Umfänge des auf der Sports-Line basierenden Sonderausstattungspakets unterstrichen die Premium-Positionierung des RF im MX-5-Angebot. Unter anderem gehörten dazu drei wählbare Metallicfarben, in Schwarz gehaltene 17-Zoll-BBS-Leichtmetallfelgen, ein schwarzes Dachmittelteil sowie schwarze Außenspiegelgehäuse. Sportstoßdämpfer von Bilstein und die vordere Domstrebe schärften die Fahrdynamik der ausschließlich mit dem 2,0-Liter-Triebwerk lieferbaren Editionsmodelle. Im Innenraum prägten RECARO-Sportsitze mit Leder-Alcantara-Sitzbezügen sowie dazu passende Türverkleidungen und Zierteile am Armaturenträger das Bild. Sondermodell-typische Insignien, zum Beispiel spezielle Einstiegsleisten und eine Nummerierungsplakette, rundeten das gehobene Ambiente ab. Zu haben waren den »Ignition«-Modelle ab 35.990,– Euro; der MX-5 Roadster in Sports-Line-Ausstattung

Auf den wichtigsten Märkten flankierte Mazda die Einführung der neuen Karosserie-Version mit einem Sondermodell, das hierzulande als »Ignition« bezeichnet wurde.

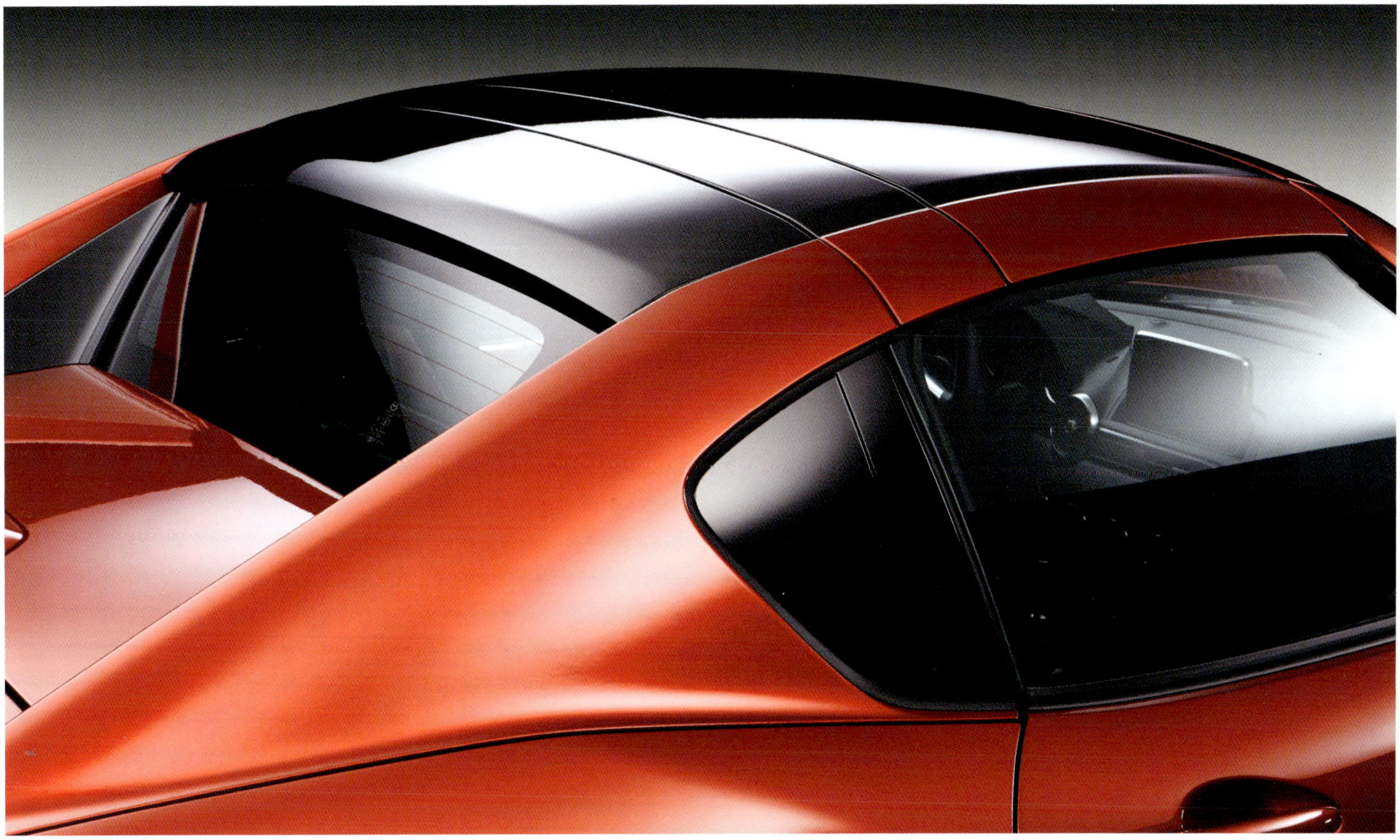

Zum üppigen Ausstattungsumfang der »Ignition«-Modelle gehörten unter anderem ein in Schwarz gehaltenes Dachmittelteil und 17-zöllige BBS-Leichtmetallfelgen, ebenfalls schwarz lackiert. Ein Novum war, dass man eines der 250 limitierten Exemplare nur online ordern konnte und dabei zugleich eine Anzahlung leisten musste.

RECARO-Sportsitze und Alcantara-Applikationen an der Armaturentafel waren ebenfalls Teil des »Ignition«-Ausstattungspakets für den RF.

und mit gleichem Motor war bei seiner Markteinführung zwei Jahre zuvor – allerdings ohne Editionsmodell-Paket – für 28.990,– Euro angeboten worden.

Nicht nur potenzielle Kunden mussten lange auf den RF warten, auch die einschlägigen Fachmagazine und Internetplattformen bekamen erst im Januar Testfahrzeuge zur Verfügung gestellt. Diese wurden erwartungsfroh auf Herz und Nieren geprüft, wobei sich schnell herauskristallisierte, dass es auch im Fall der neuen Karosserievariante keinerlei Notwendigkeit gegeben hatte, Vorschusslorbeeren bereits auf Verdacht zu verteilen. Hatte schon der neue Roadster sämtliche Tester begeistert, so gelang dies auch dem RF, und zwar mindestens

Im Unterschied zu echten Targadach-Konstruktionen war das kleine Heckfenster nicht fest montiert, sondern versank zusammen mit dem vorderen Dachteil im vorgesehenen Ablageort hinter den Sitzen. Das intensivierte das Frischluft-erlebnis deutlich und war der Grund dafür, dass das transparente Windschott im Bedarfsfall keineswegs überflüssig war.

ebenso überzeugend. Tatsächlich bestätigten ausnahmslos alle Fachleute, dass man bei der Fastback-Version bei keiner der Kernkompetenzen des MX-5 irgendwelche Abstriche in Kauf nehmen musste. Im Gegenteil: Die eigenständigere Positionierung als kompetentes Ganzjahresfahrzeug war nicht nur eine bloße Behauptung der Marketingexperten, sondern wurde nach Meinung der Tester durch eine Reihe zusätzlicher Qualitäten des Sportwagens in vollem Umfang gestützt. Dazu gehörte an erster Stelle, dass das geschlossene, sehr solide ausgeführte Dach plus die verbesserte Geräuschdämmung sowie das insgesamt durch das Dacharrangement leicht veränderte Raumgefühl im Interieur den RF-Passagieren in besonderem Maße ein Empfinden von Geborgenheit und erhöhtem Komfort vermittelte. Als einziger ernstzunehmender Kritikpunkt wurde die durch das feste Dach eher noch etwas geringere Innenhöhe im RF beklagt, die es über 1,85 Meter großen Staturen kaum mehr möglich machte, eine angemessene Sitzposition zu finden. Allerdings wurde es bei dieser Körpergröße ohnehin schwierig, sich im Innenraum eines MX-5 noch wohlzufühlen – egal, ob mit Stoff- oder Festdach.

Überdies zeigte sich bei den Tests, dass der im geöffneten Zustand Targa-artig verbleibende Dachaufsatz mit den beiden Richtung Heck auslaufenden Finnen das Offenfahrgefühl gar nicht so stark beeinträchtigte, wie die Puristen unter den MX-5-Liebhabern befürchtet hatten: Da die Heckscheibe nicht, wie bei solchen Konstruktionen eigentlich üblich, stehenblieb, sondern ebenfalls im Verdeckkasten verschwand, regulierte – ähnlich wie beim Roadster – nur ein kleines Plexiglas-Windschott das bekannte, sich auch hinter den Passagieren entfaltende Frischlufterlebnis.

Allgemein als stimmig wurde auch das gegenüber dem Roadster höhere Ausstattungsniveau des RF bezeichnet – Originalton Mazda: »Roadster deluxe«. Für ihn standen die Basisumfänge der Prime-Line nicht zur Wahl, den Einstieg markierte hier die bereits üppig dotierte Exclusive-Line, unter anderem mit serienmäßiger schwarzer Lederausstattung samt roten Kontrastziernähten, Klimaautomatik, dem Spurhalteassistenten sowie 17-Zoll-Leichtmetallfelgen in Titangrau. Auch das Internet-fähige Infotainment-System MZD Connect, Voll-LED-Scheinwerfer und beheizbare Sitze waren serienmäßig an Bord. Als Extras standen unter anderem diverse Metallic- und Sonderlackierungen, ein Navigationssystem sowie das Technik-Paket mit den Merkmalen Einparkhilfe hinten, Spurwechselassistent Plus, Ausparkhilfe und dynamisches Kurvenlicht zur Verfügung. Eine Steigerung stellte nur noch die Ausstattungslinie Sports-Line dar, bei der die Umfänge des Technik-Paktes serienmäßig waren, und die darüber hinaus unter anderem einen Fernlichtassistenten, ein Navigationssystem sowie das Spitzen-Soundsystem von BOSE mit neun Lautsprechern umfasste. Hier gab es

Mazda positionierte den teureren RF in der Modellhierarchie etwas höher als den Roadster und machte die Exclusive-Line zur Basisausführung. Damit waren gehobene Merkmale wie zum Beispiel Ledersitze, ein hoch spezifiziertes Infotainmentsystem inklusive Navigation sowie das mit verschiedenen Assistenzsystemen versehene Technik-Paket stets im Ausstattungsumfang enthalten.

Zur weiteren Stärkung der RF-Verkäufe verkündete man Ende 2017, dass die neue Variante künftig auch in Verbindung mit dem 1,5-Liter-Triebwerk zu haben sein würde. Laut offiziellen Angaben von Mazda Deutschland betrug der Anteil des RF an den MX-5-Absatzzahlen ohnehin schon 40 %.

als Extras neben den Metallic- und Sonderlackierungen sowie einer Nappaleder-Ausstattung nicht nur das bekannte Sport-Paket mit Recaro-Sitzen, Bilstein-Dämpfern und Domstrebe. Es tauchte auch eine altbekannte und ebenso lange umstrittene Ausstattungsoption wieder auf: Gegen einen Obolus von 1900,– Euro war – erstaunlicherweise ausschließlich bei der »Sports-Line«-Ausstattung – eine 6-Gang-Wandlerautomatik zu bekommen, deren Charakteristik in Verbindung mit dem 2,0-Liter-Motor ebenfalls hochgelobt wurde. Es war durchaus nachvollziehbar, dass sie zum RF mit seiner leichten GT-Anmutung und erhöhtem Komfortanspruch besser passte als zum Roadster, wo der Getriebeautomat, zumindest in Europa, stets ein Ladenhüter gewesen und jeweils schnell wieder aus der Optionenliste verschwunden war.

Erfreulich und im Einklang mit der bisherigen Preispolitik war, das sich Mazda die zahlreichen Extra-Vorzüge der neuen Modellvariante noch nicht einmal besonders teuer bezahlen ließ. Der für den RF zu entrichtende Aufpreis gegenüber einem vergleichbar motorisierten und ausgestatteten Roadster betrug auf dem deutschen Markt gerade einmal 2700,– Euro. Damit blieb man im Fall eines Fahrzeugs mit mechanischem 6-Gang-Getriebe und »Exclusive-Line«-Ausstattung noch 110,– Euro unter der magischen 30.000-Euro-Grenze. Die besonders reichhaltig ausstaffierte »Sports-Line«-Variante stand zum Marktstart für mindestens 32.090,– Euro bei den Händlern.

Was seine Verkaufschancen anging, setzte Mazda große Hoffnungen in den RF, dessen Konzept dem vielfach veränderten Käuferverhalten weit besser entgegenkam als das Roadster Coupé der NC-Generation. Tatsächlich konnte man in Leverkusen bereits wenige Monate nach dem Marktstart im Februar erfreut vermelden, dass der RF einen Anteil von 40 % an den gesamten MX-5-Verkäufen habe. Was man zwar nicht explizit sagte, aber zwischen den Zeilen meinte, war, dass er damit einen wesentlichen Beitrag zur Kompensation der allgemein nachlassenden Roadster-Begeisterung leistete.

Der Rest des Jahres 2017 verlief nach der gerade vollzogenen völligen Neuaufstellung des MX-5-Programms auf dem deutschen Markt erwartungsgemäß ruhig. Kurz vor Weihnachten kam aber noch die Ankündigung eines Roadster-Sondermodells namens »Sakura«, das im März des Folgejahres verfügbar sei. Besonders interessant war aber die zeitgleich veröffentlichte Nachricht, dass man, wohl aufgrund des Erfolgs der RF-Variante, diese künftig auch in Verbindung mit dem 1,5-Liter-Triebwerk anbieten wolle – wohl um die Verkaufsquote noch weiter zu erhöhen.

Wer zum Jahresende die kumulierte Absatzbilanz für die Traditionsbaureihe betrachtete, konnte zufrieden, aber nicht begeistert sein: Im Vergleich zu den gut 4600 Roadstern, die man 2016 hierzulande ausgeliefert hatte, waren die aktuell für

2017 dokumentierten 5266 Einheiten, wohlgemerkt inklusive des seit Februar verfügbaren RF, keine Offenbarung. Stellte man den von Mazda offiziell kommunizierten 40-%-Anteil des RF, entsprechend rund 2100 Exemplare, in Rechnung, war der Roadster von ca. 4600 auf gut 3100 Fahrzeuge zurückgefallen. Das bedeutete: Kompensation ja, sogar mehr als das, aber möglicherweise auch Kannibalisierungseffekte auf Kosten des Roadsters. Es gab offenbar mehr Interessenten, die vom Roadster zum RF gewechselt hatten, als man in Leverkusen möglicherweise erwartet hatte.

Gesamthaft betrachtet, hatten im abgelaufenen Jahr die Verkaufszahlen der Baureihe sowohl in Gesamteuropa wie auf dem US-Markt linear um rund 15 % zugenommen. Mangels strukturierter Daten war für Außenstehende zwar nicht bestimmbar, wie hoch dabei jeweils der RF-Anteil war, doch dass die Absatzkurven überall nach wie vor nach oben zeigten, war höchst erfreulich. Weniger erfreulich für Mazda war dagegen, dass die Zusatzauslastung der Produktionsstätten in Japan durch den Fiat 124 Spider vermutlich eher dürftig ausgefallen war. Der nahe Verwandte des MX-5, der 2017 zum ersten Mal als direkter Wettbewerber während eines vollständigen Verkaufsjahrs auf dem Markt präsent gewesen war, hatte – zumindest in Deutschland – nicht einmal 2400 Käufer gefunden.

2018
Mehr Power, weniger Emissionen

Nach der gelungenen Einführung des RF, der seit Ende des Vorjahres auch mit dem 1,5-Liter-Motor erhältlich war und einen erheblichen Anteil an den MX-5-Verkäufen hatte, sah sich Mazda dazu veranlasst, Marketingmaßnahmen zur Unterstützung des Roadsters zu ergreifen. Die umfassend erprobte und bewährte

Linksgelenkt und dennoch mit britischer Zulassung: Das neue, der Roadster-Version vorbehaltene Sonderausstattungspaket hieß auf der Insel »Z-Sport« und in Deutschland »Sakura«.

Form, dies zu tun, war die Lancierung eines limitierten Sondermodells, das mit seiner speziell konfigurierten Ausstattung sowie einem attraktiven Preisvorteil Kunden locken sollte. Bereits im Dezember 2017 hatte die deutsche Dependance deshalb vorauseilend den MX-5 »Sakura« angekündigt, der zum Start der Cabriosaison verfügbar sein sollte. Mit weitgehend identischer Ausstattung wurde das Editionsmodell unter der Bezeichnung »Z-Sport« auch auf dem britischen Markt angeboten. Das »Sakura«-Ausstattungspaket war in Verbindung mit beiden Motorvarianten verfügbar und basierte auf der zweithöchsten Ausstattungslinie Exclusive-Line. Optisches Erkennungszeichen war die sonst nicht erhältliche Kombination aus dunkelrotem Stoffdach, hellbeigefarbener Lederausstattung und Leichtmetallfelgen im Ton »Bright Dark«. Ebenfalls im Umfang enthalten waren Goodies wie Parksensoren hinten, das BOSE-Soundsystem, ein schlüsselloses Zugangssystem und dynamisches Kurvenlicht. Die von Mazda Deutschland für die 2,0-Liter-Version verlangten 28.790,– Euro durften angesichts dieser optischen wie technischen Aufwertungen fast schon als Kampfpreis betrachtet werden.

Das war aber noch längst nicht alles – die nächste, deutlich weitergehende Aktualisierung der gerade erst umfassend erneuerten MX-5-Baureihe wurde hierzulande bereits im Juni angekündigt: Die komplette Modellpalette profitierte ab August zum einen von überarbeiteten Antriebsaggregaten und zum anderen von einem erweiterten Angebot an elektronischen Fahrassistenzsystemen sowie einer verbesserten Ausstattung, beispielsweise durch ein nun auch axial verstellbares Lenkrad. Besonders im Fokus war, dass beide unter der Marketingbezeichnung »SKYACTIV-G« laufenden Benzindirekteinspritzer mit 1,5 bzw. 2,0 Liter Hubraum eine Kraftspritze und zugleich die Zertifizierung gemäß der strengsten Abgasnorm Euro 6d-TEMP erhielten. Während die Leistungserhöhung beim größeren

Eine Besonderheit der »Sakura«-Editionsmodelle waren die Leichtmetallfelgen mit einem Finish im Ton »Bright Dark«.

Ein exklusives Ausstattungsmerkmal des MX-5 »Sakura« war das exklusiv in Dunkelrot gehaltene Verdeck. In Kombination mit einer Innenausstattung in Hellbeige ein äußerst elegantes Farbdesign. Die Einstandspreise für den »Sakura«-Roadster, der sowohl mit dem 1,5- wie mit dem 2,0-Liter-Motor zur Verfügung stand, waren angesichts der enthaltenen Umfänge absolut zivil zu nennen.

Mit der ersten Aktualisierung der ND-Modelle zog im Sommer 2018 auch eine Axialverstellung der Lenksäule ein. Damit konnte für alle denkbare Staturen die Lenkradposition noch einmal optimiert werden.

Triebwerk üppig ausfiel, blieb sie beim kleineren kaum wahrnehmbar. Mit nun 184 PS/135 kW bei 7000/min statt zuvor 160 PS/118 kW bei 6000/min profilierte sich der 2,0-Liter-Vierzylinder mit einer Literleistung von 92 PS/68 kW und einer erlaubten Höchstdrehzahl von 7500/min als waschechter Sportmotor, der den MX-5 gewissermaßen in eine andere Leistungsliga aufsteigen ließ. Bemerkenswert und erfreulich zugleich war, dass das – nur leicht gesteigerte – Drehmomentmaximum von 205 Nm bereits bei 4000/min statt erst bei 4600/min anlag, was trotz massiv erhöhter Nenndrehzahl auf eine Verbesserung der Durchzugskraft – bis dahin nicht gerade die Kernkompetenz des Motors – hindeutete. Beim 1,5-Liter-Aggregat beschränkte sich der Kraftzuwachs dagegen nominell auf nur 1 PS. Er stellte nun 132 PS/97 kW bei, wie zuvor, 7000/min bereit.

Technische Grundlage der Leistungserhöhung waren klassische Optimierungsarbeiten in Bezug auf die Brennraumform, die Einlass-

Stärker, effizienter und sauberer: das 2,0-Liter-SKYACTIV-G-Triebwerk stieg mit 184 PS/135 kW in eine neue Leistungsklasse auf und entsprach nun der Abgasnorm Euro 6d-TEMP.

2018 legte Mazda unter anderem für den MX-5 ein Sonderausstattungspaket namens »Signature« auf, das auf dem deutschen Markt parallel zur Einführung der leistungsgesteigerten Motoren in den Verkauf kam.

kanäle und die Benzin-Direkteinspritzung. Sämtliche Maßnahmen resultierten beim 2,0-Liter-Modell – egal, ob als Softtop oder als RF – in Fahrleistungswerten, die man eine Dekade zuvor noch als illusorisch und nicht wirklich zum MX-5 passend bezeichnet hätte. Für die Roadster-Version stand eine Zeit für den Beschleunigungssprint auf 100 km/h von 6,5 Sekunden zu Buche, für den etwas schwereren RF von 6,8 Sekunden. Letzterer glänzte dafür aufgrund seiner besseren Aerodynamik mit einer Höchstgeschwindigkeit von 220 km/h. Das alles lieferte die Sportwagenikone mit durchschnittlichen Normverbrauchswerten von 6,1 bzw. 6,9 l auf 100 Kilometer

Aber nicht nur in puncto Motorleistung verblasste das über zwei Jahrzehnte lang sorgsam gepflegte MX-5-Credo der bewussten Selbstbeschränkung zusehends. Auch was den Einsatz von elektronischen Assistenzsystemen anbelangte, öffneten sich die Tore selbst für dieses Nischenfahrzeug immer weiter. Zeitgleich mit der Triebwerksüberarbeitung wurden auch nicht weniger als fünf neue Fahrhilfen verfügbar. Dabei konnte man die Sinnhaftigkeit des sogenannten erweiterten City-Notbremsassistenten und des City-Notbremsassistenten Plus mit Fußgänger- und Fahrzeugerkennung vor bzw. hinter dem Auto sowie gegebenenfalls autonomer Notbremsung absolut nachvollziehen. Was aber Gimmicks wie eine Müdigkeitserkennung, eine Verkehrszeichenerkennung oder eine Rückfahrkamera in einem Fahrzeug wie dem MX-5 zu suchen hatten – außer das Gewicht zu erhöhen –, blieb nicht wenigen Beobachtern schleierhaft.

Dass Mazda sich – nicht nur in Deutschland – mit seinem gesamten Fahrzeugprogramm schwer ins Zeug legen musste, um angesichts immer härter umkämpfter Märkte und sich beschleunigender Transformationsprozesse nicht ins Hintertreffen zu geraten, wurde hierzulande im August einmal mehr deutlich. Für einen Zeitraum von ca. drei Monaten bot Mazda Motors Deutschland für alle aktuellen Modelle der Baureihen Mazda 2, Mazda 3, Mazda 6 sowie CX-3, CX-5 und MX-5 die sogenannte »Signature«-Ausstattung an, die, als Absatzförderungsmaßnahme gedacht, den Käufern einen Preisvorteil von, je nach Modell, 1100,– bis 1600,– Euro bescherte. Im Fall des MX-5 basierte das Ausstattungspaket auf der »Exclusive-Line«, war aber durch das Mazda-eigene SD-Navigationssystem, das Technik-Paket mit Ausparkhilfe, Einparkhilfe hinten, dynamischem Kurvenlicht und dem Spurwechselassistent Plus sowie dem i-Activsense-Paket mit City-Notbremsassistent Plus, Müdigkeitserkennung, Rückfahrkamera und Verkehrszeichenerkennung umfassend angereichert. Eingebettet in diese weitreichende Marketingmaßnahme waren die bei den Vertragshändlern veranstalteten sogenannten »Mehrwert-Tage«, bei denen die »Signature«-Fahrzeuge persönlich in Augenschein genommen werden konnten.

Dass sich die Anstrengungen am Ende gelohnt hatten, bewiesen die Zulassungszahlen am Jahresende. Mazda Deutschland hatte das beste Ergebnis seit zwölf Jahren erzielt und damit das selbst gesteckte Ziel von 2 % Marktanteil auf einem um fast 7 % geschrumpften Gesamtmarkt erreicht. Bei genauerer Zahlenanalyse zeigte sich jedoch, dass der MX-5 im abgelaufenen Jahr hierzu keinen positiven Beitrag geleistet hatte. Die Verkaufszahlen von Roadster und RF betrugen zusammen etwas mehr als 4500 Einheiten, was gegenüber dem Vorjahr einen Rückgang um rund 15 % bedeutete – eine Quote, die in etwa auch auf dem europäischen Gesamtmarkt zu verzeichnen war. In den USA war die Magie des Neuen ebenfalls bereits verpufft: Hier wiesen die Absatzzahlen im Vergleich zu 2017 sogar ein Minus von etwa 20 % aus und beliefen sich auf nur noch rund 9800 Fahrzeuge.

Eines zeigte diese wenig erfreuliche Bilanz sehr deutlich: Selbst, wenn man die eher schwache Automobilkonjunktur des Jahres in Rechnung stellte, war die Hoffnung auf einen dauerhaften, an frühere Zeiten erinnernden Aufschwung für ein Fahrzeug wie den MX-5 illusorisch. Das hatte zwar rein gar nichts mit dessen Qualitäten zu tun, dafür aber umso mehr mit den stark veränderten Einstellungs- und Verhaltensmustern potenzieller Käuferkreise. Mazda tat also gut daran, sich in Bezug auf sein sportliches Aushängeschild auf grundsätzlich kargere Zeiten einzustellen und dabei dennoch Wege für eine längerfristige Fortführung der Baureihe zu finden – aber Mazda war schließlich Mazda und in vielerlei Hinsicht bekannt dafür, nicht dem Mainstream zu folgen, sondern hier ebenso intelligente wie individuelle Lösungen zu finden.

2019

Ein runder Geburtstag

Marketingstrategisch gesehen bot das Jahr eine willkommene Gelegenheit, die Blicke, trotz nicht gerade überwältigender aktueller Verkaufszahlen, weiterhin auf den MX-5 zu richten: Es jährte sich zum dreißigsten Mal die Erstvorstellung des weltweit meistverkauften Roadsters, von dem inzwischen weit mehr als eine Million Einheiten die Fertigungsanlagen im japanischen Hiroshima verlassen hatten. Wie schon bei den vergangenen runden Jubiläen unterstützte Mazda Deutschland das ganze Jahr über Community-basierte Aktivitäten, beispielsweise privat initiierte MX-5-Treffen oder die vom – ebenfalls privat betriebenen – »Mazda Classic – Automobilmuseum Frey« in Augsburg veranstaltete Jubiläumsausstellung zum Thema 30 Jahre MX-5. Natürlich gab es herstellerseitig auch wieder ein Editionsmodell, das im Februar auf der Chicago Auto Show sein Debüt feierte.

Das »30th Anniversary«-Modell war weltweit auf 3000 Fahrzeuge limitiert und sowohl in Roadster- wie auch in RF-Ausführung lieferbar. Dezente Zurückhaltung war nicht das Thema der Jubiläumsedition, ganz im Gegenteil: Im Fokus lag eine Farbcodierung in der lebhaften Sonderlackierung »Racing Orange«, die sich nicht nur an der Karosse, sondern auch an den Bremssätteln von Brembo (vorn) und Nissin (hinten) sowie an den Recaro-Sportsitzen, der Türverkleidung, der Armaturentafel und dem Schalthebel wiederfand. Ein ebenfalls exklusives Ausstattungsmerkmal waren die in Zusammenarbeit mit dem japanischen Felgenhersteller Rays entwickelten, in Schmiedetechnik ausgeführten 17-Zoll-Aluminiumräder, besonders leichtgewichtig und anthrazitfarben lackiert. Weiterhin im Serienumfang enthalten waren das Sportfahrwerk mit Bilstein-Stoßdämpfern, das neueste BOSE Soundsystem mit neun Lautsprechern sowie ein zeitgemäßer Konnektivitätsstandard durch Apple CarPlay und Android Auto. Wie es sich für ein Editionsmodell gehört, war auf der Fahrerseite ein Emblem mit der individuellen Seriennummer angebracht.

Exklusiv den »30th Anniversary«-Editionsmodellen vorbehalten waren diese geschmiedeten Leichtmetallfelgen des japanischen Herstellers Rays.

Vorrangiges Erkennungsmerkmal der »30th Anniversary«-Modelle war die Lackierung in »Racing Orange«, die auch zahlreiche andere Ausstattungselemente zierte.

Die Europapremiere des MX-5 »30th Anniversary« Edition fand im März auf dem Genfer Salon statt, wo auch verlautbart wurde, dass der Verkaufsstart auf April terminiert worden war. Für den deutschen Markt waren 350 der insgesamt 3000 vorgesehenen Fahrzeuge reserviert, die USA erhielten mit 500 nur wenig mehr. Beide Kontingente erwiesen sich als zu klein, denn, so wurde wenig später offiziell mitgeteilt, nach nur zwanzig Tagen seien die in Deutschland verfügbaren Exemplare – ausschließlich mit dem kürzlich erstarkten 2,0-Liter-Triebwerk ausgestattet – vergriffen gewesen. Auch in den USA hatte man die Nachfrage nicht befriedigen können, weshalb noch weitere knapp 150 Jubiläumsmodelle nachgeliefert wurden.

Doch durfte man sich nicht täuschen lassen: Die Gemeinde klassischer MX-5-Enthusiasten war im globalen Maßstab noch allemal so groß, dass sich in solch kleinen Stückzahlen aufgelegte Editionsmodelle nach wie vor problemlos verkauften. Über alles betrachtet, setzte sich aber die latente Erosion der Verkaufszahlen unverändert fort, zumal es nach den diversen Aktivitäten in Bezug auf den Geburtstag der Baureihe bis zum Jahresende keine weiteren Marketinginitiativen gab. Als man die Absatzbilanz aufmachte, war zwar festzustellen, dass sich das Vertriebsgebiet Europa als Ganzes quasi auf dem Vorjahresniveau von etwa 13.800 Roadster und RF stabilisiert hatte, Deutschland als einer der zentralen Märkte aber um etwa 10 % auf 4198 Einheiten zurückgegangen war. Gleiches galt für die USA, wo statt, wie im Vorjahr, etwa 9000 Fahrzeugen nur noch knapp 7800 ausgeliefert werden konnten. Welcher Anteil generell auf die RF-Modelle entfiel, blieb nach wie vor im Unklaren.

Im Unterschied zu manchen anderen Märkten, waren die Jubiläumsfahrzeuge in Deutschland ausschließlich mit dem 2,0-Liter-Motor verfügbar.

2020
Der lange Schatten der Pandemie

Dass mit Beginn des Jahres existenzielle Herausforderungen ganz anderer Art auf die Weltbevölkerung und entsprechend die globale Wirtschaft zukommen würden, konnte niemand ahnen. Schon gar nicht konnten auch die gewieftesten Experten abschätzen, welche katastrophalen Auswirkungen die Corona-Epidemie, die sich ab den ersten beiden Monaten nahezu explosionsartig ausbreitete, haben würde. Zu allem Überfluss kam das sich weltweit entfaltende Infektionsgeschehen zu einem Zeitpunkt, der für Mazda schlechter nicht hätte sein können. Das Unternehmen wollte im gerade angebrochenen Jahr groß seinen 100. Geburtstag feiern und hatte dementsprechend zahlreiche Aktivitäten geplant, die nun, im Zeichen von Maskenpflicht, Kontaktverboten und anderen Einschränkungen vielfach zur Makulatur wurden. Das Gesellschafts- und Wirtschaftsleben drohte beinahe vollständig zum Erliegen zu kommen, und die auf das Funktionieren globaler Lieferketten angewiesene Automobilindustrie war vom Letzteren besonders stark betroffen. Angesichts dieser Menschheitskrise schrumpften die latenten Vermarktungsprobleme der MX-5-Baureihe auf mikroskopisch kleines Format zusammen – in Tat und Wahrheit würde sich nun womöglich die Existenzfrage stellen.

Doch weder Mazda noch irgendein anderes Wirtschaftsunternehmen dieses Formats konnte einfach die Off-Taste drücken, sondern musste, auch als noch keine Lösung der Probleme in Sicht war, versuchen, die heraufziehende Megakrise so gut wie möglich zu managen. Noch bevor sich deren wahres Ausmaß abzeichnete, im Februar, straffte die deutsche Dependance schon einmal die Angebotsstruktur des MX-5. Statt der drei bisherigen Lines gab es ab sofort nur noch die – ansonsten namenlose – Serienausstattung sowie als Topversion die Variante »Selection«. Beide konnten durch optionale Pakete optisch und technisch weiter aufgewertet werden. Roadster und RF wurden in der Basisausstattung nur noch in Verbindung mit dem 1,5-Liter-Motor geliefert. Der MX-5 Selection war dagegen mit beiden Motorisierungen kombinierbar. Zwar ergänzte, neben den bereits vorher verfügbaren Sport- und i-Activsense-Paketen, nun ein Design-

Schlicht, würdevoll und gerade noch vor Beginn der Corona-Pandemie: Die Ende Januar 2020 veranstaltete Feierstunde zum 100. Jahrestag der Firmengründung.

Paket für 600,– Euro die Auswahl, doch bedeutete die neu zugeschnittene Struktur faktisch eine gewisse Beschränkung der Individualisierungsmöglichkeiten. Im gleichen Zug wurden auch die Listenpreise leicht angehoben. Das preiswerteste Modell, der 1,5-Liter-Roadster in Serienausstattung, näherte sich damit unwillkürlich der 30.000-Euro-Grenze.

Was das 100. Unternehmensjubiläum anging, dessen Stichtag bereits der 30. Januar gewesen war, zeigte sich hierzulande erst im Juli eine erste, dafür ziemlich wuchtige Initiative – womöglich hatte man in Leverkusen erst einmal den Lauf der Dinge etwas abwarten und gewisse Maßnahmen anpassen wollen. Präsentiert wurde nun jedenfalls das Sondermodell-Programm »Edition100«, das für nahezu alle Mazda-Modelle, darunter auch den MX-5 als Roadster und RF, verfügbar war. Wie stets, lag der Fokus hier auf einer besonderen Optik. Schwarze Außenspiegelgehäuse und ein ebenfalls schwarzes Dachmittelteil beim RF waren äußere Kennzeichen der Editionsmodelle, während Sitze und Innenraumapplikationen in konstrastierendem, burgunderrotem Nappaleder gehalten waren. Dazu gesellten sich beim 1,5-Liter-Modell anthrazitfarbene 16-Zoll Rays-Leichtmetallfelgen und

In sportlich-elegantem Outfit präsentierten sich die Fahrzeuge der »Edition100«, die aus Anlass des runden Firmenjubiläums mit umfassender Ausstattung spezifiziert waren. Lieferbar waren sie in beiden Karosserieausführungen und mit beiden Antriebsaggregaten. Optische Highlights waren die burgunderrote Lederausstattung und die jeweils schwarz lackierten Leichtmetallfelgen.

beim 2,0-Liter schwarze 17-Zöller von BBS. Serienmäßig waren darüber hinaus die Merkmale des umfassenden Assistenzpakets i-Activesense, einschließlich eines 4,6 Zoll TFT-Displays.

Eingebettet war das Sondermodellprogramm in die sogenannten »Jahr100|Wochen« vom 1. bis 19. Juli 2020, mit deren Hilfe die quasi zum Erliegen gekommene Besucherfrequenz in den Mazda-Autohäusern unter Beachtung der amtlichen Auflagen wieder erhöht werden sollte. Dabei konnten Interessenten – als verkaufsfördernde Maßnahme – beim Kauf ihres Wunschfahrzeug noch zusätzlich eine Ausstattungsoption gratis ordern. Inwieweit solche Initiativen unter den gegebenen Umständen überhaupt Früchte tragen konnten, blieb bis zum Jahresende abzuwarten. Die Abteilung Öffentlichkeitsarbeit in Leverkusen tat in ihren Mitteilungen jedenfalls so, als seien die Verhältnisse ganz normal und verlor weder ein Wort über die Corona-Pandemie noch über deren katastrophale Auswirkungen …

Ende Oktober rollte Mazda Motors Deutschland unverdrossen die zweite Sondermodellreihe des Jahres aus. Neben die der »Edition100«, traten nun noch die Modelle der streng limitierten »100th Anniversary Special Edition«. Die Serie war für sämtliche Baureihen der Marke verfügbar, aber insgesamt in nur 100 Exemplaren. Auf Basis der jeweiligen Top-Ausstattung spielten die Sondermodelle insbesondere mit einer Farbcodierung in Weiß, was an den ersten Mazda-Pkw, den R360 aus dem Jahr 1960, erinnern sollte. Neben der Außenfarbe Satinweiß Metallic

Auf insgesamt nur 100 Exemplare aus sämtlichen aktuellen Mazda-Baureihen waren die Fahrzeuge der»100th Anniversary Special Edition« limitiert. Deren Farbgebung sollte an den Start des Pkw-Baus in Hiroshima erinnern.

waren die betreffenden Fahrzeuge mit burgunderroter Lederausstattung, Fußmatten und Fahrzeugteppichen ausgestattet, die durch weiße Farbakzente in den Türinnenverkleidungen, an der Mittelkonsole und am Armaturenträger kontrastiert wurden. Der MX-5 Roadster wies zudem ein in Burgunderrot gehaltenes Stoffverdeck auf. Komplettiert wurde der Auftritt durch eine Reihe von Jubiläumslogos außen und innen. Als Zugabe erhielten die Käufer dieser Sondermodelle einen Fotoband mit den automobilen Meilensteinen von Mazda sowie ein 1:43-Modell des Mazda R360. Zu haben war der MX-5 im »100th Anniversary«-Outfit natürlich nicht nur in Deutschland, sondern, unter gleicher Bezeichnung und quasi identisch spezifiziert, auf den meisten anderen bedeutenden Exportmärkten.

Angesichts der äußerst schwierigen Umstände mit steigenden Krankenständen, Kontaktsperren, Homeoffice-Arbeit und menschenleeren Händler-Showrooms war die Präsenz von Mazda Deutschland in diesem ersten Corona-Jahr, vor allem aufgrund des runden Firmengeburtstags, sehr beachtlich. Ob sich das überhaupt und besonders mit Blick auf das Nischenfahrzeug MX-5 zumindest einigermaßen gelohnt hatte, musste die jährliche Absatzbilanz ausweisen. Und diese las sich, wie zu erwarten, deprimierend: Mazda insgesamt hatte auf dem deutschen Markt statt gut 71.000, wie 2019, nur noch insgesamt rund 44.000 Fahrzeuge an Kunden übergeben können, wobei der MX-5-Markt, relativ gesehen, noch stärker getroffen worden war: Dieser hatte sich mit ganzen 1665 verkauften Exemplaren gegenüber 2019 weit mehr als halbiert.

Noch ein Stück desaströser stellten sich die Absatzzahlen in Gesamteuropa dar. Diese waren fast auf ein Drittel des Vorjahresergebnisses eingebrochen: Die auf dem Kontinent neu zugelassenen rund 4800 MX-5 entsprachen in etwa der Menge, die 2018 allein für Deutschland zu verzeichnen gewesen war. Wenigstens aus den USA kam, trotz in etwa vergleichbarer Rahmenbedingungen, ein kleiner Lichtblick. Statt in den Keller gingen die Verkaufszahlen tatsächlich wieder leicht nach oben: um etwa 1000 auf insgesamt rund 8800 Fahrzeuge. Mit einem Schlag waren die USA wieder zum mit Abstand wichtigsten Markt für den Klassiker geworden.

Trotz dieses ermutigenden Signals blieb die allgemeine Stimmungslage inner- und außerhalb des Unternehmens aber eher düster – schließlich gab es bis Ende 2020 immer noch keine einigermaßen verlässliche Perspektive für eine nachhaltige Beendigung der Krisensituation.

2021
Unterwegs im Tunnel

Trotz zyklischer Corona-Wellen mit hohen Infektionszahlen, weiterer Lockdown-Diskussionen und zögerlich startender Impfkampagne feierte man bei Mazda Deutschland das herannahende Frühjahr ganz unverzagt als Beginn der Cabrio-Saison. Was sonst hätte man auch tun sollen? Die Zeiten waren übel, und jedermann sehnte sich zumindest nach ein wenig Normalität. Etwas Spaß haben auf einer Autotour durch schöne Gegenden war so ziemlich das Risikoärmste, was man noch tun konnte. Dagegen war die Suche nach potenziellen Neuwagenkäufern unter den gegebenen Umständen mit das Schwierigste – zumal, wenn es um ein Nischenfahrzeug ging, das weit überwiegend in der Freizeit genutzt wurde.

Da man unter keinen Umständen mit Verkaufsförderungsmaßnahmen bekannten Zuschnitts nachlassen wollte, kündigte man im April für viele Baureihen die Editionsmodelle namens »AD'VANTAGE« an, von denen es im Fall des MX-5 sogar zwei Versionen gab. In Zeiten massiv steigenden wirtschaftlichen Drucks wurden die ungewöhnlich hohen Preisvorteile von bis zu 3000,– Euro besonders herausgestellt – bei der Sportwagenikone beliefen diese bei beiden Aufbauvarianten allerdings nur auf 1300,– Euro. Die auf der Grundausführung basierende Version AD'VANTAGE, für Roadster und RF ausschließlich in Kombination mit dem 1,5-Liter-Motor verfügbar, beschränkte sich auf eine verbesserte Ausstattung und wartete mit Navigationssystem, Parksensoren am Heck, einer Ausparkhilfe, dem Spurwechsel-Assistenten Plus und dynamischem Kurvenlicht auf. Die zweite Version, AD'VANTAGE DESIGN, ebenfalls für Roadster und RF verfügbar, aber auf der Top-Ausführung Selektion mit dem 2,0-Liter-Triebwerk fußend, rückte auch besondere optische Reize in den Mittelpunkt, indem der Roadster ein burgunderrotes Stoffverdeck, der RF ein schwarzes Dachmittelteil und beide weiße Nappaleder-Sitze spendiert bekamen. Darüber hinaus war das Fahrassistenzpaket i-Activsense an Bord, das neben einem 4,6-Zoll-TFT-Zentraldisplay den City-Notbremsassistenten, den City-Notbremsassistenten Plus, Müdigkeits- und Verkehrszeichen-Erkennung sowie eine Rückfahrkamera beinhaltete.

Zwei weitere Aktivitäten von Seiten Mazdas nährten zum Jahresende wenigstens ansatzweise die Hoffnung auf Besserung

2021 zeigten sich wieder erste positive Markttendenzen, die Mazda mit den Sondermodellen MX-5 »AD'VANTAGE« und MX-5 »AD'VANTAGE DESIGN« förderte. Letztere waren besonders edel ausstaffiert.

der allgemeinen Situation in naher Zukunft. Zum einen gab es für beide Karosserievarianten des MX-5 ein neues, mit spezieller Funktionalität aufwartendes Fahrstabilitätssystem, das unter der Bezeichnung »Kinematic Posture Control«, kurz KPC, bei Kurvenfahrt einen von der Geschwindigkeit und dem Lenkwinkel abhängigen, gezielten Bremseingriff am kurveninneren Hinterrad vornahm. Dadurch wurde an diesem Rad ein Einfederimpuls angeregt, der dem durch die Rollbewegung des Fahrzeuges verursachten Ausfedern entgegenwirkte. Die auf diese Weise verringerte Rollneigung sorgte nicht nur für eine höhere Fahrstabilität in Kurven, sondern steigerte nochmals die ohnehin schon überzeugende Agilität des MX-5.

Ebenfalls im Dezember kündigte die deutsche Mazda Dependance schon einmal vorauseilend den 2022 anstehenden 50. Jahrestag des Starts der Marke auf dem hiesigen Markt an – und zwar mit einem Sondermodell namens »Kinenbi«. Auf Grundlage der Top-Ausstattung Selection und mit dem 2,0-Liter-Motor ausgerüstet, setzten diese Editionsmodelle im Fall des Roadsters durch ein ungewöhnliches blaues Stoffdach bzw. ein

Zur Fahrzeugstabilisierung und weiteren Agilitätssteigerung führte Mazda unter anderem am MX-5 das System »Kinematic Posture Control« ein, das bei Kurvenfahrt zur Geltung kam.

Ende 2021 präsentierte Mazda die in Roadster- und RF-Ausführung erhältlichen »Kinenbi«-Sondermodelle. Erkennungszeichen der Softtop-Modelle war ihr blaues Verdeck.

schwarzes Dachmittelteil beim RF optische Akzente, die im Interieur durch eine Nappalederausstattung in Terracotta ergänzt wurden. Ähnlich wie bei den zu Anfang des Jahres präsentierten AD'VANTAGE DESIGN-Modellen, die – nebenbei bemerkt – immer noch nicht ausverkauft waren, gehörte auch das i-Activsense-Paket mit seinen Assistenzsystemen zum serienmäßigen Umfang der Kinenbi-Edition. Trotz des wiederum kommunizierten Kundenvorteils von 1300,– Euro näherte sich die Spitzenversion RF Kinenbi mit einem Brutto-Listenpreis von 37.570,– Euro noch stärker der 40.000-Euro-Schwelle an.

Immerhin ein Lichtlein am Ende eines scheinbar nicht enden wollenden Tunnels stellte die Absatzbilanz des Jahres dar. Diese wies für den deutschen Markt eine Steigerung um immerhin rund 20 % auf gut 1900 Einheiten aus – alles andere als ein triumphales Ergebnis, aber wenigstens eine Stabilisierung, wenn auch auf vergleichsweise niedrigem Niveau. Deutlich besser als hierzulande sahen die Zahlen für Gesamteuropa aus: Hier waren die MX-5-Neuzulassungen um mehr als 40 % auf wieder halbwegs ansehnliche fast 6900 Fahrzeuge gestiegen. Ein noch größeres Volumen an Neufahrzeug-Auslieferungen war für den US-Markt zu vermelden: Mit über 10.500 Exemplaren hatte man dort einen Zuwachs um etwa 20 % verzeichnen können und war damit fast wieder auf dem Niveau von 2017 angelangt.

Angesichts einer gewissen Entspannung der Krisensituation hoffte man nicht zuletzt bei der Mazda Motors (Deutschland) GmbH, dass die geplanten Maßnahmen und Aktivitäten zum 50. Geburtstag der Marke in Deutschland weniger in Mitleidenschaft gezogen würden als es beim 100. Geburtstag der Unternehmensgründung in Hiroshima im gesamten Vorjahr der Fall gewesen war.

2022

Entwarnung Fehlanzeige

Vor dem Hintergrund auch im neuen Jahr an- und wieder abschwellender Coronawellen durch neue Virusvarianten und eingebettet in zunehmende gesamtwirtschaftliche Probleme, konzentrierte man sich in Leverkusen auf den im Spätherbst anliegenden 50. Jahrestag der Gründung der deutschen Vertriebsgesellschaft. Exakt am 23. November 1972 wurde das Unternehmen im Handelsregister eingetragen und begann ein halbes Jahr später mit der Vermarktung von Mazda-Pkw, die für den deutschen Markt geeignet schienen. Unter den japanischen Herstellern war man nach dem Pionier Honda, der sich zu diesem Zeitpunkt schon rund zehn Jahre lang darum bemühte, mit seinen vierrädrigen Produkten hierzulande Fuß zu fassen, der zweite Produzent, der sich in Deutschland engagierte. Nissan, Toyota, Mitsubishi und Suzuki folgten, in dieser Reihenfolge, zum Teil erst Jahre später.

Da unter den gegebenen Umständen keine rechte Feierlaune aufkommen mochte und breitenwirksame Publikumsveranstaltungen nach wie vor kaum durchzuführen waren, verlegte man allfällige Jubiläumsaktivitäten kontaktfrei auf die diversen Kanäle der sozialen Medien, begleitet von Aktionswochen bei der

Schwieriger Start mit unscheinbaren Gebrauchsautos – nur der RX-3 (vorne) stach heraus. Die neugegründete deutsche Mazda-Niederlassung versuchte ab Frühsommer 1973, hierzulande Fuß zu fassen.

Händlerschaft, von denen man sich wenigstens einige Impulse für die Verkaufsstatistik versprach.

Zeitlich parallel zum runden Firmengeburtstag nahm man bei beiden MX-5-Varianten auch eine Veränderung der erst 2020 neu eingeführten Ausstattungsstruktur vor. Diese hatte sich offenbar als weniger zielführend erwiesen, weshalb man nun vom bisher zweistufigen wieder zum vorherigen dreistufigen Schema zurückkehrte, das den Kunden größere Auswahlmöglichkeiten bot. Zur Verfügung standen nun sowohl für den Roadster wie für den RF die – wieder mit eigenem Namen versehene – Einstiegs-

version Prime-Line, die mittlere Stufe Exclusive-Line sowie die neue Spitzenversion namens Homura. Letztere wartete serienmäßig mit Recaro-Sportsitzen und schwarzen Außenspiegelgehäusen auf und stand in Kombination mit dem 1,5-Liter-Motor auf geschmiedeten 16-Zoll-Leichtmetallfelgen von Rays,

während die 2,0-Liter-Modelle zusätzlich mit einer Brembo-Bremsanlage an der Vorderachse inklusive rot lackierter Bremssättel, Bilstein-Stoßdämpfern und ebenfalls geschmiedeten 17-Zoll-Leichtmetallfelgen von BBS dotiert waren. Darüber hinaus waren alle mit dem starken Triebwerk versehenen Modelle zur Traktionsverbesserung grundsätzlich mit einem hinteren Sperrdifferenzial ausgestattet. Eine weitere Aufwertung, aber nur für die mittlere und die Topausführung erhältlich, bot das nun statt »i-Activsense« deutlich transparenter »Driver Assistance« genannte Assistenzsystem-Paket mit den bekannten Elementen City-Notbremsassistent und erweiterter City-Notbremsassistent, adaptives Matrix-LED-Licht sowie Verkehrszeichen- und Müdigkeitserkennung. Was die Brutto-Verkaufspreise anging, hatte nun auch die preisgünstigste Art, MX-5 zu fahren – ein Roadster mit Prime-Line-Ausstattung und 1,5-Liter-Motor – die Schwelle von 30.000,– Euro überschritten, und zwar mit einem Einstandspreis von 30.990,– Euro recht deutlich.

Mit der für das Modelljahr 2023 veränderten Ausstattungsstruktur wurden im Umfeld des Jubiläums bei Mazda Motors (Deutschland) auch gleich zwei neue Sondereditionen des MX-5 angekündigt, die für Roadster und RF und in Kombination mit beiden Motorisierungen verfügbar waren. Jeweils im Mittelpunkt standen exklusive Farbkombinationen und ein gegenüber der als Basis fungierenden Exclusive-Line nochmals verbesserter Ausstattungsumfang. Das Sondermodell »Kazari« kam im Fall des Roadsters mit einem dunkelbraunen Stoffverdeck, das optimal mit der terracottafarbenen Nappaleder-Ausstattung harmonierte. Der RF wies derweil ein schwarzes Dachmittelteil auf. Dieses zeigte er auch beim Sondermodell »Kizuna«, bei dem weißes Nappaleder dem Interieur ein besonderes Gepräge gab, beim Roadster kombiniert mit einem blauen Stoffdach. Als Draufgabe war bei beiden Editionsmodellen das Driver Assistance Paket im Serienumfang enthalten.

Die zum Jahresende fällige Absatzbilanz erwies sich nach dem Hoffnungsschimmer im Vorjahr und den verschiedenen Verkaufsförderungsmaßnahmen allerdings als große Enttäuschung. In Deutschland waren die Neuzulassungen von Mazda-Pkw insgesamt gegenüber 2021 noch einmal um rund 8 % zurückgegangen und erreichten mit knapp über 35.000 Fahrzeugen einen neuen Tiefststand. Relativ noch deutlich schlechter sah es für dem MX-5

Das Editionsmodell »Kazari« wartete im Fall des Roadster mit einem in Braun gehaltenen Verdeck auf, das bestens zu den Terracotta-farbenen Ledersitzen passte.

Trotz stark unter Druck stehender Absatzzahlen für den MX-5 gab es mit dem »Kizuna« 2022 noch ein zweites attraktives Sondermodell.

aus, von dem lediglich rund 1200 Exemplare hatten verkauft werden können – ein Minus von rund 35 % gegenüber dem Vorjahr und ebenfalls ein neuer absoluter Tiefststand.

Dass sich diese Entwicklung nicht nur auf dem deutschen Markt, sondern in ähnlicher Weise auch in ganz Europa sowie in den USA abgespielt hatte, war dabei weniger Trost als Alarmsignal. Aber mit dem zum Jahresende endlich aus der öffentlichen Fokussierung verabschiedenden Corona-Thema und etwas aufgehellten Konjunkturaussichten sah man dem Jahr 2023 ein wenig zuversichtlicher entgegen.

2023
Die Richtung stimmt

Mazda sah sich dank kontinuierlicher Aktivitäten für ein globales Wiedererwachen des Marktes gut gerüstet. Auch in Deutschland waren im Hinblick auf den MX-5 die Hausaufgaben gemacht: Man hatte wieder die dreigliedrige Ausstattungsstruktur etabliert und mit den beiden nun verfügbaren Editionsmodellen »Kazari« und »Kizuna« stand ein insgesamt attraktives Verkaufsangebot zur Verfügung. Außer einer Neuauflage der sogenannten »Vorteilswochen«, bei der auch MX-5-Interessenten von einem zusätzlichen Gratis-Extra profitieren konnten, waren für die erste Jahreshälfte keine Nachbesserungen in Form weiterer vertrieblicher Unterstützungsmaßnahmen erforderlich. In Leverkusen standen auch andere Themen im Mittelpunkt, beispielsweise die Markteinführung des Sechszylinder-Plug-in Hybrid-SUV CX-60, der Produktionsstart des auch hierzulande bald verfügbaren MX-30 E-SKYACTIV R-EV mit einem Kreiskolbenmotor als Range Extender oder im April das Erreichen der Schwelle drei Millionen seit dem Marktstart der Marke in Deutschland verkaufter Fahrzeuge. Auch die japanische Muttergesellschaft trat im Mai mit erstaunlich positiven Geschäftsdaten für das im März abgelaufene Geschäftsjahr in die Öffentlichkeit. Offenbar hatte das Unternehmen die Krisenjahre einigermaßen gut überstanden.

Mit Blick auf die sich abzeichnenden zukünftigen Entwicklungen in der weltweiten Automobilindustrie war das eine gute Nachricht. Mazdas Strategie, was den Transformationsprozess in Richtung E-Mobilität anbetraf, war, wie die der meisten japanischen Hersteller, jenseits des Mainstreams angesiedelt – oder besser gesagt: jenseits dessen, was in der allgemeinen Wahrnehmung als der Mainstream definiert wurde. Vom baldigen Verbrennerende war keine Rede, die Elektrifizierung der bestehenden Modellpalette wurde nur zögerlich vorangetrieben, und es gab bis zum Sommer 2023 nur ein vollelektrisches Modell mit bescheidener Reichweite im Programm. Mazda, so durfte man vermuten, verfolgte als Großserienhersteller, wie so oft in der Vergangenheit, wieder seinen ganz eigenen Weg, um mit den wartenden Herausforderungen, etwa dem europäischen Verbrennerverbot oder der allseits erwarteten Flut gut gemachter Elektro-Pkw aus China, umzugehen. Wie diesbezüglich die strategischen Planungen für den Zeitraum bis 2030 aussahen, wurde Ende 2022 mithilfe einer Videopräsentation kommuniziert und nicht wie bei den zumeist aufgeregt agierenden europäischen Herstellern wortreich vor der Öffentlichkeit ausgebreitet.

Daraus ging klar hervor, dass der tatsächliche – oder auch nur gefühlte – Elektrohype nicht die weitere Existenz von Nischenmodellen wie dem MX-5 gefährden würde. Schon früher im Jahr hatten Fachmedien berichtet, dass der kompakte Sportwagen, nach Aussagen von Unternehmensvertretern, »niemals sterben« wird, weil er zu einem bestimmenden Teil der Marken-DNA von Mazda geworden sei. Zugleich wurde bestätigt, dass eine fünfte Generation, der NE, gegenwärtig in der Entwicklung sei.

Darüber, wie diese technisch und optisch konkret aussehen könnte, ist bis zum Redaktionsschluss dieses Buches nichts Verbindliches bekannt. Es bleiben also nur Vermutungen: Nach aller Wahrscheinlichkeit wird sich auch der neue MX-5 weiter in Richtung einer leichten Höherpositionierung bewegen, mit noch mehr Technik, noch wertigerer Innenraumanmutung und aktualisiertem Infotainment – die 40.000-Euro-Schwelle dürfte dabei für das Spitzenmodell absolut in Reichweite liegen. Ob sich das äußere Erscheinungsbild beider ND-Varianten, das seit 2015 eigentlich nichts von seiner Attraktivität eingebüßt hat, nennenswert verändern wird, bleibt vorerst unklar. In Mazdas Strategievideo war jedenfalls die Designstudie eines kompakten Coupés namens Mazda Vision zu sehen, über deren tiefere Bedeutung sich das Unternehmen zwar ausschwieg, die aber auch ein Fingerzeig auf die Linienführung der fünften MX-5-Generation sein könnte.

Verändern dürfte sich unter den gegebenen Umständen sicher das Antriebskonzept. Möglich und sinnvoll erscheint ein Übergang zu Mildhybrid-Lösungen wie sie derzeit bei den

E-SKYACTIV X- bzw. G-Motoren praktiziert werden. Eine weitere moderate Leistungssteigerung scheint damit ebenfalls vorprogrammiert. In puncto Kraftübertragung, deren mechanische Schaltgetriebe mit ihrer legendären Bedienungsqualität von Beginn an zu einem ikonischen Charaktermerkmal des MX-5 wurden, wäre, statt der seit vielen Jahren vor sich hin dümpelnden Wandlerautomatik, auch der Einsatz eines der in Mode gekommenen, als sportlich geltenden Direktschalt- oder auch Doppelkupplungsgetriebe denkbar – wenn es auch ein solches bisher nicht im Mazda Pkw-Programm gibt.

Wie viel und was davon am Ende auch umgesetzt werden wird – alles wird Gewicht kosten, und nicht zu knapp. Angesichts des klaren Bekenntnisses des Unternehmens zum MX-5 und dem damit untrennbar verbundenen Leichtbaukonzept darf man höchst gespannt sein, was den stets kreativen Mazda-Entwicklern an innovativen Maßnahmen einfallen wird, um diesen Konflikt überzeugend zu lösen. Zu besichtigen sein werden die Ergebnisse aller Bemühungen der japanischen Ingenieure dem Vernehmen nach erst im Spätjahr 2025 – zum zehnjährigen Geburtstag der aktuellen ND-Modelle. Es ist also noch Einiges an Geduld gefragt.

Fürs Erste scheint Mazda auf einem guten Weg dorthin zu sein, wie die Verkaufszahlen des ersten Halbjahres 2023 nahelegen: Insgesamt konnte die Marke rund 22.700 Neuzulassungen auf dem deutschen Markt für sich verbuchen. Darunter waren exakt 1255 MX-5 – mehr als im ganzen Jahr zuvor ausgeliefert worden waren.

Nur ein irreführender optischer Flash? Rendering einer coupéartigen Studie namens Mazda Vision in einem Strategievideo des Unternehmens.

LEV MX 525

Technische Daten

	MX-5 Roadster (NA)	MX-5 Roadster (NA)	MX-5 Roadster (NA)
Bauzeitraum	1989–1994	1994–1997	1995–1997
Motor/Bauart	Vierzylinder-Ottomotor/Reihe	Vierzylinder-Ottomotor/Reihe	Vierzylinder-Ottomotor/Reihe
Motorbaureihe	B-Serie	B-Serie	B-Serie
Ventile	4	4	4
Ventilsteuerung	DOHC	DOHC	DOHC
Hubraum	1598 cm³	1840 cm³	1598 cm³
Bohrung x Hub	78,0 x 83,6 mm	83,0 x 85,0 mm	78,0 x 83,6 mm
Leistung	115 PS/85 kW bei 6500/min	131 PS/96 kW bei 6500/min	90 PS/66 kW bei 6000/min
Max. Drehmoment	135 Nm bei 5500/min	152 Nm bei 5000/min	129 Nm bei 4000/min
Gemischaufbereitung	Elektr. Benzineinspritzung (L-Jetronic)	Elektr. Benzineinspritzung (L-Jetronic)	Elektr. Benzineinspritzung (L-Jetronic)
Antrieb	Hinterradantrieb	Hinterradantrieb	Hinterradantrieb
Achsbauart vorne/hinten	Einzelradaufhängung mit doppelten Querlenkern, Federbeine, Querstabilisator / Einzelradaufhängung mit doppelten Querlenkern, Federbeine, Querstabilisator	Einzelradaufhängung mit doppelten Querlenkern, Federbeine, Querstabilisator / Einzelradaufhängung mit doppelten Querlenkern, Federbeine, Querstabilisator	Einzelradaufhängung mit doppelten Querlenkern, Federbeine, Querstabilisator / Einzelradaufhängung mit doppelten Querlenkern, Federbeine, Querstabilisator
Kraftübertragung	5-Gang, mechanisch	5-Gang, mechanisch	5-Gang, mechanisch
Bremsen vorne/hinten	Scheiben / Scheiben	Scheiben / Scheiben	Scheiben / Scheiben
Höchstgeschwindigkeit	195 km/h	197 km/h	175 km/h
Beschleunigung von 0 auf 100 km/h	8,8 s	8,7 s	10,6 s
Aufbaukonzept	selbsttragende Ganzstahlkarosserie	selbsttragende Ganzstahlkarosserie	selbsttragende Ganzstahlkarosserie
Leergewicht	955 kg	990 kg	965 kg
Tankinhalt	48 l	48 l	48 l
Felgen	5,5 J x 14	5,5 J x 14	5,5 J x 14
Reifen	185/60 R 14	185/60 R 14	185/60 R 14
Radstand	2265 mm	2265 mm	2265 mm
Spurweite vorne/hinten	1410 mm / 1430 mm	1410 mm / 1430 mm	1410 mm / 1430 mm
Länge x Breite x Höhe	3975 x 1675 x 1230 mm	3975 x 1675 x 1230 mm	3975 x 1675 x 1230 mm

	MX-5 Roadster (NB)	MX-5 Roadster (NB)
Bauzeitraum	1997–2005	1997–2000
Motor/Bauart	Vierzylinder-Ottomotor/Reihe	Vierzylinder-Ottomotor/Reihe
Motorbaureihe	B-Serie	B-Serie
Ventile	4	4
Ventilsteuerung	DOHC	DOHC
Hubraum	1598 cm^3	1840 cm^3
Bohrung x Hub	78,0 x 83,6 mm	83,0 x 85,0 mm
Leistung	110 PS/81 kW bei 6500/min	140 PS/103 kW bei 7000/min
Max. Drehmoment	134 Nm bei 5000/min	162 Nm bei 4500/min
Gemischaufbereitung	Elektr. Benzineinspritzung (LH-Jetronic)	Elektr. Benzineinspritzung (LH-Jetronic)
Antrieb	Hinterradantrieb	Hinterradantrieb
Achsbauart vorne/hinten	Einzelradaufhängung mit doppelten Querlenkern, Federbeine, Querstabilisator / Einzelradaufhängung mit doppelten Querlenkern, Federbeine, Querstabilisator	Einzelradaufhängung mit doppelten Querlenkern, Federbeine, Querstabilisator / Einzelradaufhängung mit doppelten Querlenkern, Federbeine, Querstabilisator
Kraftübertragung	5-Gang, mechanisch	5-Gang, mechanisch (a. W.: 6-Gang, mechanisch)
Bremsen vorne/hinten	Scheiben / Scheiben	Scheiben / Scheiben
Höchstgeschwindigkeit	191 km/h	205 km/h
Beschleunigung von 0 auf 100 km/h	9,7 s	8,5 s
Aufbaukonzept	selbsttragende Ganzstahlkarosserie	selbsttragende Ganzstahlkarosserie
Leergewicht	1090–1145 kg	1100–1150 kg
Tankinhalt	50 l	50 l
Felgen	5,5 J x 14	6,0 J x 15
Reifen	185/60 R 14	195/50 R 15
Radstand	2265 mm	2265 mm
Spurweite vorne/hinten	1405-1415 mm / 1430-1440 mm	1405-1415 mm / 1430-1440 mm
Länge x Breite x Höhe	3975 x 1680 x 1225 mm	3975 x 1680 x 1225 mm

	MX-5 Roadster (NB)	MX-5 Roadster (Roadster Coupé) (NC)
Bauzeitraum	2001–2005	2005 (2006)–2015
Motor/Bauart	Vierzylinder-Ottomotor/Reihe	Vierzylinder-Ottomotor/Reihe
Motorbaureihe	B-Serie	MZR 1.8
Ventile	4	4
Ventilsteuerung	DOHC	DOHC
Hubraum	1840 cm^3	1798 cm^3
Bohrung x Hub	83,0 x 85,0 mm	83,0 x 83,1 mm
Leistung	146 PS/107 kW bei 7000/min	126 PS/93 kW bei 6500/min
Max. Drehmoment	168 Nm bei 5000/min	167 Nm bei 4500/min
Gemischaufbereitung	Elektr. Benzineinspritzung (LH-Jetronic)	Sequenzielle Multipoint-Saugrohreinspritzung
Antrieb	Hinterradantrieb	Hinterradantrieb
Achsbauart vorne/hinten	Einzelradaufhängung mit doppelten Querlenkern, Federbeine, Querstabilisator / Einzelradaufhängung mit doppelten Querlenkern, Federbeine, Querstabilisator	Einzelradaufhängung mit doppelten Querlenkern, Federbeine, Querstabilisator / Multilenkeraufhängung an Hilfsrahmen, Federbeine, Querstabilisator
Kraftübertragung	5-Gang, mechanisch (a. W.: 6-Gang, mechanisch)	5-Gang, mechanisch (a. W.: 6-Gang, mechanisch)
Bremsen vorne/hinten	Scheiben / Scheiben	Scheiben innenbelüftet / Scheiben
Höchstgeschwindigkeit	206 km/h	196 km/h (200 km/h)
Beschleunigung von 0 auf 100 km/h	8,4 s	9,4 s (9,6 s)
Aufbaukonzept	selbsttragende Ganzstahlkarosserie	selbsttragende Ganzstahlkarosserie, Motorhaube und Kofferraumdeckel aus Aluminium
Leergewicht	1140–1224 kg	1155 kg (1192 kg)
Tankinhalt	50 l	50 l
Felgen	6,0 J x 15 (a. W.: 6,0 J x 16)	6,5 J x 16
Reifen	195/50 R 15 (205/45 R 16)	205/50 R 16
Radstand	2265 mm	2330 mm
Spurweite vorne/hinten	1405-1415 mm / 1430-1440 mm	1490 mm / 1495 mm
Länge x Breite x Höhe	3975 x 1680 x 1225 mm	3995 x 1720 x 1245 (1255) mm

	MX-5 Roadster (Roadster Coupé) (NC)	MX-5 Roadster (ND)
Bauzeitraum	2005 (2006) – 2015	2015 – 2018
Motor/Bauart	Vierzylinder-Ottomotor/Reihe	Vierzylinder-Ottomotor/Reihe
Motorbaureihe	MZR 2.0	SKYACTIV-G 131
Ventile	4	4
Ventilsteuerung	DOHC, variable Einlass-Steuerung	DOHC, variable Ein- und Auslass-Steuerung
Hubraum	1999 cm³	1496 cm³
Bohrung x Hub	87,5 x 83,1 mm	74,5 x 85,8 mm
Leistung	160 PS/118 kW bei 6700/min (ab 06. 2009: 160 PS bei 7000/min)	131 PS/96 kW bei 7000/min
Max. Drehmoment	188 Nm bei 5000/min	150 Nm bei 4800/min
Gemischaufbereitung	Sequenzielle Multipoint-Saugrohreinspritzung	Sequenzielle Multipoint-Direkteinspritzung
Antrieb	Hinterradantrieb	Hinterradantrieb
Achsbauart vorne/hinten	Einzelradaufhängung mit doppelten Querlenkern, Federbeine, Querstabilisator / Multilenkeraufhängung an Hilfsrahmen, Federbeine, Querstabilisator	Einzelradaufhängung mit doppelten Querlenkern, Federbeine, Querstabilisator / Multilenkeraufhängung an Hilfsrahmen, Federbeine, Querstabilisator
Kraftübertragung	5-Gang, mechanisch (a. W.: 6-Gang, mechanisch)	6-Gang, mechanisch
Bremsen vorne/hinten	Scheiben innenbelüftet / Scheiben	Scheiben innenbelüftet / Scheiben
Höchstgeschwindigkeit	210 km/h (215 km/h)	204 km/h
Beschleunigung von 0 auf 100 km/h	7,9 s (8,3 s)	8,3 s
Aufbaukonzept	selbsttragende Ganzstahlkarosserie, Motorhaube und Kofferraumdeckel aus Aluminium	selbsttragende Ganzstahlkarosserie, u. a. Motorhaube, Kofferraumdeckel und vordere Kotflügel aus Aluminium
Leergewicht	1155 kg (1192 kg)	1050 kg
Tankinhalt	50 l	45 l
Felgen	6,5 J x 16 (a. W., Roadster Coupé serienmäßig: 7,0 x 17)	6,5 J x 16
Reifen	205/50 R 16 (205/45 R 17)	195/50 R 16
Radstand	2330 mm	2310 mm
Spurweite vorne/hinten	1490 mm / 1495 mm	1495 mm / 1505 mm
Länge x Breite x Höhe	3995 x 1720 x 1245 (1255) mm	3915 x 1735 x 1225 mm

	MX-5 Roadster (RF) (ND)	MX-5 RF (ND)
Bauzeitraum	2015 – 2018	2017 – 2018
Motor/Bauart	Vierzylinder-Ottomotor/Reihe	Vierzylinder-Ottomotor/Reihe
Motorbaureihe	SKYACTIV-G 160	SKYACTIV-G 131
Ventile	4	4
Ventilsteuerung	DOHC, variable Ein- und Auslass-Steuerung	DOHC, variable Ein- und Auslass-Steuerung
Hubraum	1998 cm³	1496 cm³
Bohrung x Hub	83,5 x 91,2 mm	74,5 x 85,8 mm
Leistung	160 PS/118 kW bei 6000/min	131 PS/96 kW bei 7000/min
Max. Drehmoment	200 Nm bei 4600/min	150 Nm bei 4800/min
Gemischaufbereitung	Sequenzielle Multipoint-Direkteinspritzung	Sequenzielle Multipoint-Direkteinspritzung
Antrieb	Hinterradantrieb	Hinterradantrieb
Achsbauart vorne/hinten	Einzelradaufhängung mit doppelten Querlenkern, Federbeine, Querstabilisator / Multilenkeraufhängung an Hilfsrahmen, Federbeine, Querstabilisator	Einzelradaufhängung mit doppelten Querlenkern, Federbeine, Querstabilisator / Multilenkeraufhängung an Hilfsrahmen, Federbeine, Querstabilisator
Kraftübertragung	6-Gang, mechanisch	6-Gang, mechanisch
Bremsen vorne/hinten	Scheiben innenbelüftet / Scheiben	Scheiben innenbelüftet / Scheiben
Höchstgeschwindigkeit	214 km/h (215 km/h)	203 km/h
Beschleunigung von 0 auf 100 km/h	7,3 s (7,5 s)	8,6 s
Aufbaukonzept	selbsttragende Ganzstahlkarosserie, u. a. Motorhaube, Kofferraumdeckel und vordere Kotflügel aus Aluminium	selbsttragende Ganzstahlkarosserie, u. a. Motorhaube, Kofferraumdeckel und vordere Kotflügel aus Aluminium
Leergewicht	1075 – 1090 kg (1130 kg)	1135 kg
Tankinhalt	45 l	45 l
Felgen	7,0 J x 17	6,5 J x 16
Reifen	205/45 R 17	195/50 R 16
Radstand	2310 mm	2310 mm
Spurweite vorne/hinten	1495 mm / 1505 mm	1495 mm / 1505 mm
Länge x Breite x Höhe	3915 x 1735 x 1230 mm	3915 x 1735 x 1230 mm

Technische Daten

	MX-5 Roadster (RF) (ND)	MX-5 Roadster (RF) (ND)
Bauzeitraum	seit 2018	seit 2018
Motor/Bauart	Vierzylinder-Ottomotor/Reihe	Vierzylinder-Ottomotor/Reihe
Motorbaureihe	SKYACTIV-G 132	SKYACTIV-G 184
Ventile	4	4
Ventilsteuerung	DOHC, variable Ein- und Auslass-Steuerung	DOHC, variable Ein- und Auslass-Steuerung
Hubraum	1496 cm³	1998 cm³
Bohrung x Hub	74,5 x 85,8 mm	83,5 x 91,2 mm
Leistung	132 PS/97 kW bei 7000/min	184 PS/135 kW bei 7000/min
Max. Drehmoment	152 Nm bei 4500/min	205 Nm bei 4000/min
Gemischaufbereitung	Direkteinspritzung	Direkteinspritzung
Antrieb	Hinterradantrieb	Hinterradantrieb
Achsbauart vorne/hinten	Einzelradaufhängung mit doppelten Querlenkern, Federbeine, Querstabilisator / Multilenkeraufhängung an Hilfsrahmen, Federbeine, Querstabilisator	Einzelradaufhängung mit doppelten Querlenkern, Federbeine, Querstabilisator / Multilenkeraufhängung an Hilfsrahmen, Federbeine, Querstabilisator
Kraftübertragung	6-Gang, mechanisch	6-Gang, mechanisch
Bremsen vorne/hinten	Scheiben innenbelüftet / Scheiben	Scheiben innenbelüftet / Scheiben
Höchstgeschwindigkeit	204 km/h	214 km/h (215 km/h)
Beschleunigung von 0 auf 100 km/h	8,3 s	7,3 s (7,5 s)
Aufbaukonzept	selbsttragende Ganzstahlkarosserie, u. a. Motorhaube, Kofferraumdeckel und vordere Kotflügel aus Aluminium	selbsttragende Ganzstahlkarosserie, u. a. Motorhaube, Kofferraumdeckel und vordere Kotflügel aus Aluminium
Leergewicht	1070 kg (1115 kg)	1100–1105 kg (1147 kg)
Tankinhalt	45 l	45 l
Felgen	6,5 J x 16	7,0 J x 17
Reifen	195/50 R 16	205/45 R 17
Radstand	2310 mm	2310 mm
Spurweite vorne/hinten	1495 mm / 1505 mm	1495 mm / 1505 mm
Länge x Breite x Höhe	3915 x 1735 x 1230 mm	3915 x 1735 x 1230 mm